美学冲击力书系

丛书 主　编／陈望衡
副主编／吴志翔

交游风月

山水美学谈

陈望衡 著

WUHAN UNIVERSITY PRESS
武汉大学出版社

图书在版编目(CIP)数据

交游风月:山水美学谈/陈望衡著.—武汉:武汉大学出版社,2006.1

(美学冲击力书系/陈望衡主编　吴志翔副主编)

ISBN 7-307-04848-5

Ⅰ.交…　Ⅱ.陈…　Ⅲ.自然地理—美学—研究
Ⅳ.P9

中国版本图书馆 CIP 数据核字(2005)第 142486 号

责任编辑:路小静　陶佳珞　　责任校对:刘欣　　版式设计:支笛

出版发行:**武汉大学出版社**　(430072　武昌　珞珈山)

(电子邮件:wdp4@whu.edu.cn 网址:www.wdp.com.cn)

印刷:华中科技大学印刷厂

开本:950×1260　1/32　印张:11.75　字数:253 千字　插页:1

版次:2006 年 1 月第 1 版　　2006 年 12 月第 2 次印刷

ISBN 7-307-04848-5/B·143　　定价:18.00 元

潘多拉盒子，或者阿拉丁神灯

——“美学冲击力书系”总序

□　陈望衡

我们总是习惯于认为，历史是以一种平和、有序、可理解的方式在理性的堤岸之内缓慢流淌的，在这个流淌绵延的过程中，逐渐积淀起一系列的观念谱系，包括真假、善恶、美丑的诸般价值意识和感觉，它们盘踞于人们心中，往往被视为不证自明、天经地义的东西。可是有一个时候，那一条长河会变得波诡云谲，一切都显得不再可靠，原本根深蒂固的观念也被连根拔起，成为漂浮于空中、失却实在指向性的纯粹符码。堤坝似乎不复存在，那些我们以为可以据以理解这个世界、把握这个世界的概念和规范都用不上了。我们就像庄子笔下的那个河伯一样，原本看着河流浩荡“欣然自喜，以天下之美为尽在己”，可是当遭遇那一片失去了边界的大海，就不得不望洋兴叹了。

现在我们就正面临着失去边界的震惊和晕眩，感受着飞速变化的现实带来的审美冲击力。这是一种类似于 shock（休克）的感觉，因为我们仿佛只能听任种种逸出常规、超乎定见的文化现象或审美现象在那儿以自己的逻辑（如果有逻辑的话）生机勃勃地绽现，却无法加以有效地把握。美学家跟每个人一样，同样只能皱着眉头在那儿寻思：怎么这个世界越来越让人看不懂了呢？关于今天有名目繁多的指称：“E 时代”、“传媒时代”、“消费时代”、“后现代或后后现代”……还有很多人用各种各样的方式来命名：“经验断裂”、“美学生活化或生活美学化”、“审丑的时代”、“全民狂欢的年代”……我们必须真正重视当下的生活经验和生命体验，要以一种开放的心态去直接对现实境遇发言，否则所谓的美学研究只能是一种体内循环。面对当下丰富而生动的文化现实，美学家的缺席或失声是不正常的。美学家一定得有很好的胃口，有旺盛的食欲，有强大的消化能力。

在哲学史上有一个著名的“芝诺悖论”，说阿喀琉斯在后面追赶乌龟，但无论他多么快，永远都追不上爬行缓慢的乌龟，因为他永远都只能达到乌龟“曾到过”的一个点上。这当然是一个利用逻辑自身缺陷展开的诡辩，有违于常识。哲学家们早已知道问题所在，即那跨越的一步被无限分割了，阿喀琉斯被拦在无限等分的“界”外，因为他被设定为是不能“越界”的。阿喀琉斯追不上乌龟，有点像我们今天的美学追不上生活一样。如何才能使美学捕捉住生活？其实也非常简单，那就是要敢于越界。既然生活本身已经溢出了原有理解的范畴，那么死抓住一些旧的概念无异于自设樊篱，自营囚室。我曾在一篇文章中谈到，时至今日，美学不可孤芳自赏，只是守着一堆老旧的形而上概念做文章，不应该继续抱残守缺地满足于谈论“感性”、“理性”、“形象思维”、“意境”、“形式”、“内容”等，对于流行的大众文化只是简单地抱一种拒斥态度，毕竟美学不能无涉于鲜活的个体生存状态，不能脱离迅速变换着的精神境遇。“实在与虚拟”、“想像与欲望”、“精神与身体”、“沉重与轻逸”、“缓慢与快捷”、“劳作与游戏”、“语义与现象”、“原本与复制”、“中心与边缘”这些关系也许更值得美学家们去好好地加以研究。

科技对今天美学形态和人们审美感觉的影响无疑是巨大的。速度感、空间感、时间感、形式感无一不在科技的笼罩之下被修改，美感与丑感也必定受到影响。用我曾经提出的那一组关系来描述，就是实在性减弱、虚拟性强化；想像越来越成为欲望的延伸；身体的合法性全面上扬，精神价值反倒开始染上了一点羞耻感；沉重性不再是构成审美的基本要件，而轻逸成为人们追求的一种生存姿态；缓慢的魅力已经久违，快捷成为所有人内心的渴望；劳作不是人生的主题，其美学意蕴也被剥离殆尽，游戏越来越成为一种“本真”的生存状态，即使通过这种游戏得到的仅仅是幻觉的餍足；原本不再重要，大量繁殖的复本消解着所谓原创的价值……

古代的诗人在灯下捻须吟咏，今天的人们捧着话筒对着MTV的画面抒情；从前的人们迷恋于月下清风或雨中残荷的意境，今天的人们在虚拟的空间体验着感情的跌宕起伏；从前的人们慢慢地品味艺术的滋味，今天的人们则几乎把一切当成了消费活动，并且把快感当成了美感。诗人纪伯伦说，美是温柔的低语，美与黎明一起从东方升起，美倚靠着日暮的窗户，美是秋叶的舞蹈，美是冬天的飞雪。苏东坡说，江上之清风与山间之明月，乃造物之无尽藏，耳得为声目遇成色，给人取之不尽用之不竭的美感。此等意韵悠长的古典形态之美已很难寻觅，因为频奏凯歌的科技已经穷尽了我们的想像力。

德国哲学家本雅明深刻地洞见了科技发展对美学带来的革命性影响。他认为，所谓的技术复制时代，就是从“有韵味的艺术”转变为“机械复制的艺术”，从艺术的“膜拜价值”转向“展示价值”，从“美的艺术”转变为“后审美的艺术”，从“对艺术的凝神专注”转向“消遣性接受”。像在今天给人们感官带来更强烈冲击力的电子技术、网络技术等，也都可以被涵盖在“技术复制”这一个统称之内。我们注意到，“韵味”（aura）的丧失成为今天人们生活中的基本特征之一，尽管在科技的助推下，“美”似乎无处不在。审美活动原本是具有原位性、即时即地性、独一无二性的，但是科技强调的是可展示性、可展览性，其实也就是一种可消费性。其结果就是如阿尔都塞·赫胥黎所说，技术进步导致了庸俗化。在今天，渣滓的生产比以前任何时候都要多。当然，这是一种相对保守的判断，因为毕竟，传统精英式的美的创造和欣赏只是少数人的特权，对于执著于美学经典形态的人来说，他们怀着一种对“韵味”的依恋无可厚非，但并不见得可以因此拥有价值评判上的优越感，“旧时王谢堂前燕，飞入寻常百姓家”，这种自上而下、从膜拜到展示、由精英到大众的变迁是无可逃避的，这几乎就是一种宿命。

在这一过程中科技像是一个“潘多拉盒子”，一旦打开，既会跳出美丽的天使，也会放出邪恶的魔鬼。科技又像是一盏“阿拉丁神灯”，一旦拥有，就会帮助人类实现自己的愿望，但是这究竟算一个美好的期许，还是对于欲望的刺激和放纵？科技帮助人类消除了在世的“异乡感”，使得审美活动成为可能，但同时人自身是否也正在经历一种异化，即失去了体贴世界的那种“亲在感”？在日趋发达的科技的影响下，美的形态和美的感觉正在发生革命性的裂变。

科技的入口事实上就是生活世界的入口，因为科技的本能就是要覆盖、介入、占有生活的机体。生活美学化是科技进步的一个必然效应。在这里我们暂时搁置有关生活美学化的价值评判，无论说它好还是不好（也许并不存在简洁明了的好坏问题），它都是一个越来越显豁的文化事实。从我们的眼光来看，一个“泛美学主义”的时代是确实存在的。众所周知，大众文化已然成为一个庞然大物。我们在这里也不想谈论大众文化产业的生产与消费逻辑，而只想追究这一以惊人的速度膨胀并且成功广揽人心的生活和文化形态，其内在的美学元素是什么，它们以什么样的方式在嬗变，大众生活和大众文化颠覆了什么，消解了什么，承继了什么，创造了什么？现实生活中许多尚无法被命名的美学现象，是美的敞开还是遮蔽？在泛审美的共同体中，人是更亲密了还是更孤独了？等等。

为了回答这些问题，我们推出这一套《美学冲击力书系》，组织一批既关注现实文化生态又有相当理论功底的作者，分别撰写了以传媒、网络、山水、休闲、居室、美容等为主题的美学著作。值得一提的是，在这些书里，美不是作为一个理念或对象而存在，而是作为一种仍然在生长着、不断扩张、与个体生命相互交融的生活经验得到确认和把握，美学也不是作为精神的独裁者而高高在上，它更像是眼下纷乱生活海流中一个灵活警觉的向导。通过这个向导，我们也许可以在当前浩渺莫测的文化大海上，开辟一条“理解”的航线，发现那个“意义新大陆”的边缘。

我们被大众传媒所包围，我们的感性被传媒所塑造和修饰。传媒的力量如此巨大，谁也不敢小看。这是一块兵家必争之地，一块符号攻守之地，一块价值交锋最激烈之地，一块意识形态与意象形态并行之地，一块商家和大众以娱乐的面目达成妥协之地。同时这里也是一块诱惑和禁忌并存的雷区，一块天使与魔鬼下棋的纹枰，一块万象纷呈而少有人加以清理的杂草丛生之地。我们在图像里消费。我们在广告里陶醉。我们在影视里流泪。我们在手机里恋爱。我们在节日里狂欢。传媒是主导人们价值观的霸主，是人体和心智的延伸，呈现出一种天花乱坠之美——故有《肆虐的狂欢——传媒美学谈》。

人与自然越疏离，便越是渴望与自然山水的亲近。在人文的视野里，自然山水之美的地位重新得到尊崇。人与山水的往还，是一次调适身心的审美活动，有种美学的惊奇只有在旅游中、在与山水打照面时才能感觉到。“杏花春雨江南”是一种柔和情韵，“骏马西风冀北”也别有冷峻风味。在山水中我们跳出了自己与外界晨昏相亲的惯性的惰性，努力去寻找另外的“眼神”，别样的“妩媚”。把自己的整个身心交出去，直接与山水晤谈，使自己的全部感官向天地开放，并且接受自然的赠礼，养成胸襟，培育情怀。在自然中实现自由，把山水当成了朋友——故有《交游风月——山水美学谈》。

人生两件事，一为劳作，一为休闲。不劳作，即是休闲，但“休闲”从来没有像今天这般成为一件郑重之事。时代在加速，人生的旅程也仿佛越来越快，人们都拼命往前赶，悖谬之处就在于，加快步伐是为了能够有一天可以慢下来“休”，努力挣钱是为了有一天可以堂而皇之地“闲”。休闲是什么？是一个产业，是一个节目，是一次公关。对很多人来说，休闲是一种有目的的消费活动，越来越多的人进入“忙着休闲”的尴尬状态。未被异化的“休闲”是怎样的？怎样才能优雅地生存？“休闲”二字意味深长——故有《闲暇是金 ——休闲美学谈》。

人类最初是穴居的动物，今天越来越追求“生活品质”、越来越强调物性享受的人们，更加需要一个安身立命之所。身处荒野需要一片遮挡烈日的荫凉，寒意袭人时需要一个遮风避雨的小窝。美好的自然环境、优雅的庭园环境、舒适的室内环境，成为人们评估自身或他人生活状态的重要参数。居室内外的环境，既是一个技术问题，更是一个美学问题——故有《温馨的家园——居住美学谈》。

生活如万花筒，五光十色，除了以上的以外，网络与美容在我们的生活中也日益充当重要的角色，我们即将推出的还有网络美学与美容之道等著作。

著名哲学家成中英教授认为，本体在诠释中显现，真理就是真理的直接陈述。对任何新生的经验来说，都有一个从无序到有序、从个人体验到公共规范的过程，标准不是圣人一手裁定的，而是逐渐生成、不断涌现出来的。累积起来的经验得到把握以后，也就融入到了传统之中。的确，经验是值得重视的，正是生生不息的经验之流使得人们对于“美”的理解不断深入和丰富起来。原有的审美标准被解构了，但新经验的融合和聚合必定会重构出新的价值标准，培育出新的审美感官，创生出新的生存理解。从这个意义上说，“美”的确是语用化的，我们完全可以暂时搁置形而上之思，在传媒、网络、山水、休闲、居室、美容这些“形而下”的经验现象中窥见“道”的显现。

美总是在具体的境遇中敞开。就让我们在与美迎面相逢或擦肩而过的现实境遇里，“析万物之理，判天地之美”。

目　录

天开画图(下)

人心境界

心凝形释

澄怀味像

品山鉴水

序：人得交游是风月

一

人得交游是风月，天开画图即江山。

古往今来，多少贤人圣哲、文人雅士视“游”为人生一大快事。《论语·先进》载孔子与弟子子路、冉有、公西华、曾点等言志。子路、冉有、公西华言毕，轮到曾点时，孔子问：

> “点，尔何如？”鼓瑟希，铿尔，舍瑟而作，对曰：“异乎三子者之撰。”子曰：

“何伤乎？亦各言其志也。”曰：“莫春者，春服既成，冠者五六人，童子六七人，浴乎沂，风乎舞雩，咏而归！”夫子喟然叹曰：“吾与点也！”

志在匡世的孔子竟然赞同曾点的人生理想，也许出乎人们的意外，然细思之，仍在情理之中。

人的本性是爱好自由的，然身处红尘，或为衣食，或为名利，或为自己，或为他人，奔波驰驱，劳心费力，何得自由？如若偷得闲暇，将种种得失荣辱、功名利禄、人事纠葛一概暂时闪却，寄情山水，放浪形骸，畅游于天地自然之中，定然其乐无比。李白诗云：“人生在世不称意，明朝散发弄扁舟。”（《宣州谢朓楼饯别校书叔云》）美国著名哲学家乔治·桑塔耶纳说：“自然也往往是我们的第二情人，她对我们的第一次失恋发出安慰。”①

情人，说得多好！

二

人本就是自然的一部分，当“人”与自然浑然一体的时候，“人”没有什么情感理智，当然也就没有什么忧愁与烦恼。但自“人猿相揖别”之后，人类的发展走着一条二律背反的道路：一方面，人极力发展自己的聪明才智，努力摆脱自然的束缚，以图征服自然，做自然的主人，但是威力无比的自然又绝不容许人为

① ［美］乔治·桑塔耶纳：《美感》，中国社会科学出版社 1982 年版，第 41 页。

主宰，且不说无穷的自然奥秘根本不是人所能穷尽的，就是已被人洞察其奥秘的那部分自然也绝不容许人的过度侵夺。现代化进程所造成的生态平衡失调，已经将一枚枚苦果硬塞进人们的口腔。人们终于明白，人不能去做自然的主人而只能永远是自然的朋友。而且究其渊源，还得承认人是自然的儿子。人的本性中本就有自然性的部分。依恋自然，回归自然是人的天性。人们回到自然这位母亲的怀抱也同样可以得到最大的亲情、温暖和抚慰。大自然以其无比的魅力把人的注意力全部吸引，她将人的心灵中种种实际的牵累统统驱赶出去，而让人的心灵获得最大的自由和愉快。

也许是因为中国的农业社会绵延的时间最长，也许是因为中国这块土地毓秀钟灵，风景佳绝，中华民族对自然美的感受特别强烈，特别丰富。中国传统文化儒、道、禅三大主要派别，其基本思想都与自然关系密切，山水诗、山水画在中国艺术中所占的比例之大在世界艺术之林中也是绝无仅有的。中国的知识分子向来以啸傲泉石、寄情山水饮誉天下，自诩为“清”，为“雅”。《世说新语·任诞》载：晋代名士王子猷命人在临时租借的住宅周围种竹。人皆不解，而王子猷啸咏良久，直指竹曰：“何可一日无此君！”视竹为生命之一部分，亦即视自然为生命之一部分。这种情况在中国实已是一种可贵的文化传统了。临风洒泪，睹物伤情，“木犹如此，人何以堪”，“清风朗月，辄思玄度”，在中国文化史上，此类佳话车载斗量。

三

“游”，虽是人之天性，但亦非任何人都会游的，古代如此，当今亦如此。游，自有它的美学品格，也自有它的美学规律。浅层次者，身游而已，耳得之之为声，目遇之之为色，声色之娱，感观之娱，皮肉之娱耳。高层次的游为心游，不仅身入其境且心人其境。一方面身与物化，人即为物；另一方面，物与人化，物即为人。在两相融洽之中，进行感情意志之交流。美学上称之为移情，艺术上称之为比拟。且看辛弃疾的《沁园春·灵山齐庵赋。时筑偃湖未成》，这是心游山水的真实描述。

> 叠嶂西驰，万马回旋，众山欲东。正惊湍直下，跳珠倒溅；小桥横截，缺月如弓。老合投闲，天教多事，检校长身十万松。吾庐小，在龙蛇影外，风雨声中。　　争先见面重重，看爽气朝来三数峰。似谢家子弟，衣冠磊落；相如庭户，车骑雍容。我觉其间，雄深雅健，如对文章太史公。新堤路，问偃湖何日，烟水濛濛。

叠峰如奔马，缺月如劲弓，这是化此物为彼物。化者为谁？心也。苍松如军旅，奇峰似士林，这是化物为人。谁为化者？亦心也。更有意味的是辛弃疾将游的总体感受——“雄深雅健”与读太史公司马迁的文章联系起来了。欣赏山水就好比在读司马迁的文章。

是的，当你觉得欣赏山水好像在读书，或者说在读人，那种感觉就到位了。

四

唐代著名文学家柳宗元亦是一个善游者。他的“永州八记”描述永州八处山水风景之美向来为人所称道。他的《愚溪对》、《愚溪诗序》等记述游览愚溪之感受,同样脍炙人口。作者将愚溪人格化了,以溪之“愚”状己之“愚”,实是以己之“愚”注溪之“愚”。文章在描述愚溪种种“无以利世”的“愚”之后,笔锋猛然一转:“溪虽莫利于世,而善鉴万类,清莹秀澈,锵鸣金石,能使愚者嬉笑眷慕,乐而不能去也!”好个“善鉴万类,清莹秀澈,锵鸣金石”!令人顿开茅塞,心胸朗然,浮想联翩。

心游的特点是情入意入,游中有我;但心游不是游的最高境界,游的最高境界是神游。神游高于心游之处在于:心游囿于功利,游中有我,物我界限尚存;神游则超越功利,游中无我,物我界限泯灭。这种境界有宗教境界之透脱,却无宗教境界之神秘;有哲学境界之超越,却无哲学境界之抽象。用柳宗元的话来表达,此种境界为“心凝形释,与万化冥合”。处这种境界,想象腾飞,不拘一物;思维超越,以极万类;物我两忘,“有”归之于“无”。如果说心游之妙尚可言说之,而神游之妙的确是难与君说了。

五

游山玩水,全在一个“兴”字,因兴而起,尽兴即可,别无目的。《世说新语·任诞》记载有这样一段轶事：

> 王子猷居山阴，夜大雪，眠觉开室命酌酒，四望皎然，因起彷徨，咏左思《招隐》诗，忽忆戴安道，时戴在剡，即便乘小船就之。经宿方至，造门不前而返。人问其故，王曰："吾本乘兴而来，兴尽而返，何必见戴？"

这种寄兴趣于过程本身而不拘泥于目的的态度正是一种审美的态度，康德用"无目的的目的性"来概括。既然游是为了审美，我们就应该用审美的态度去游。常见的是游者目的性太强，不是为了求得审美的愉快，而是为了到某个地方，既可自我安慰，又可夸耀于人。因此匆匆赶路，走马观花，偌大一个风景区，只打一个照会，浅尝辄止，便打道回府，日后回忆，也只记得去过某处，至于其地景致如何，当时感受如何，就一片模糊了。

游必有兴，无兴伤游。

六

游览与赶路不一样，赶路要急，游览要缓。风光景物，细心观赏，意到神会。须如此，奇思妙绪，诗情画意，才油然而生。现在，游湖喜用游艇，登山常用索道，虽然亦无不可，但与自己划桨泛舟，启动两腿登山，风味截然不同。旅游诚然是有辛苦的，但苦中有乐。泰山十八盘，一个石级一个石级地登，虽然苦，但走走停停，沿途风光可细心品赏；再者，费尽气力终登峰顶，人的本质力量得以充分展现，那种克服困难后所得到的快乐绝非坐缆车者可比。要说美，这种通过艰苦斗争赢得的胜利才是一种最令人自豪的美。至于游湖，自划轻舟，舟贴水面，人犹在水中，与“第二情人”——自然贴得更近，那份惬意、那种滋味非亲历者难以领会。

“游”，美哉！愿我们都做善游者。

天开画图（上）

野性之美(上)

一

2001年我访问了马来西亚的砂拉越州，去了北部的一个美丽的小城——美里。美里的朋友陪我去游尼亚古洞。我听说过尼亚古洞，知道那曾是原始人居住过的地方，在世界上很有名的。游览归来，仔细品味，我发现令我无比欣喜的其实还不是这个山洞，而是通向山洞的长达5公里的山道，那山道全在原始森林中通过。道不在地面，而是建在厚厚的(到底多厚不知道)朽木枯枝上，是一条木板铺就的栈道。我们就从这条栈道进入原始森林。啊，满眼是铺天盖地的浓绿，满耳是流水哗哗 和令人心悸的鸟叫、虫鸣，森林特有的气味扑鼻而来。我全部的感官都在紧张地工作着，无法说出当时的感受，惊奇中夹着恐惧，恐惧中夹着喜悦。一种巨大的审美感受，在强烈地激动着我。

最近，我去了湖北神农架。这本也是原始森林，可惜的是凡公路可以到达的地方均遭砍伐过，但还是有大片、大片未经砍伐的原始森林或原始次森林，只是无从到达。不过，当我在燕天垭的跨山大桥上远眺那未经砍伐的原始森林时，凭想象，我又一次找到了在尼亚古洞的热带丛林中穿行的感觉。

这是一种什么样的美，竟如此地动人心魄，如此地让人经久难忘？

——野性。

美在野性！

二

历史上，关于美有太多太多的解释。但似乎都从艺术美或者社会生活美出发，很少考虑到自然美。柏拉图在《大希庇阿斯》中讨论什么是美：当希庇阿斯问苏格拉底什么是美时，苏格拉底脱口而出的是：美是一位漂亮的小姐。他就没有说，美是大海或美是高山。德国古典美学的集大成者黑格尔是轻视自然美的，在他的皇皇大著中，自然美只是薄薄的几页。他压根儿就没有将自然美看成是美学研究的对象，他的美学，用他自己的话来说，就是艺术哲学。试图从哲学根本上推翻黑格尔美学的车尔尼雪夫斯基其实也不重视自然美,他说:"美是生活。"①生活,无疑是指人类的社会生活,而不是动物植物的生活。车尔尼雪夫斯基是站在人本位来讨论美的。他虽然给了自然美一点地位,但也是从人类社会生活出发的。在他看来,自然之所以美是因为它是人类生活的暗示,"动物的美都表现着人类关于清新刚健的生活概念"②。"在某种程度上,植物的响声、树枝的摇荡、树叶的经常摆动,都使我们想起人类的生活来"③。纵观自古希腊至现代的西方美学史,都没有给自然美以重要的地位。

中国的情况有些不同,老子说"道法自然",庄子讲"天地有大美",王弼讲"大美无华",苏轼讲"自然成文",黄休复讲"得之自然,莫可楷模",都推崇自然本身的美。中国古典美学也讲社会人文的美,不过,中国古典美学将"自然"看成美之极致。李贽说"画工"与"化工"之别,根本的就在于画工再怎么工,也只是模仿自然;化工是天地之工,即自然之工,造化之工。"天之所生,地之所长,百卉具在,人见而爱之矣,至觅其工,了不可得"④,故自然其实"无工",虽是无工,确是极工。你看孔雀的尾翎,你看艳丽的牡丹,你看张家界的奇峰,你看大龙湫的瀑布,它们岂是人工可以创造得出来的吗?

---

① 《西方美学家论美和美感》,商务印书馆 1980 年版,第 242 页。

② 《西方美学家论美和美感》,商务印书馆 1980 年版,第 243 页。

③ 《西方美学家论美和美感》,商务印书馆 1980 年版,第 244 页。

④ 李贽:《焚书》卷三,《杂述杂说》。

三

自然,既可具象地说是自然界,又可抽象地说是自然性,即为本性、本色,也就是野性。自然界有其野性,人类也有它的野性,因为人类来自自然界。但无疑,自然界有更多野性的存在。

美作为人类精神的最高享受,有两大来源:一是文明(自然的人化),一是野性(自然的创化)。这是宇宙两种伟力的产物。它们都是人类的精神享受之源、美之源。是偏重于美在文明,还是偏重于美在自然?构成了美学史上社会本位与自然本位两种不同的美学观。评价这两种美学观是很费力的事。事实是,美的意蕴既有文明性又有自然性即野性。不过,对于不同类型的美,二者的比例是不一样的。在自然美领域,似更应看重自然性、野性。

你在意过流水之美吗?古往今来,有关流水的诗词歌赋可谓汗牛充栋,人们从流水中感受到生活的欢乐,领悟到人生的哲理,这些无疑成为流水美的一大内涵即上面说的文明,但是,流水的美,其本质在其自身的野性。它欢畅地奔流着,汹涌着,跳跃着。有风就动,不平就流。有阻遏,不管是高山巨石,就冲击它,百折不挠,直到山崩石裂;遇高坳,不管是千丈悬崖,就奔涌而下,前赴后继,不惜粉身碎骨;有出路,就顺势而折,哪怕九曲回肠,受尽委屈。这就是流水的本性、野性,难道流水的美不就在这种野性么?

你在意过森林之美吗?其实,真正的森林不是那种经过修剪过的林木,那种为龚自珍所诟病的"病梅",而是尼亚古洞那样的原始森林：古木参天，藤蔓摇络，枯木狼藉，新苗竞翠，动物窜行，百鸟寄身。这种森林才是具有野性的森林、最具魅力的森林。诚然，这样的森林现在是很少了，但是，只要是森林，我们还是能多少不一地感受到野性的美。

四

事物总是相互联系的。野性的存在离不开产生野性的环境。

你见过号称沙漠之舟的骆驼吗？也许在动物园见过，不过，那在动物园里的骆驼神情憔悴，毛发脱落，眼神呆滞，从本质上讲已不是骆驼。骆驼的本色离不开沙漠。沙漠，无边无际的沙漠，死寂的沙漠，生命似乎停息。然而只要天边出现一队慢慢行进的骆驼，那沙漠就再不是死寂的了，它有了生命。骆驼，沙漠之魂；而沙漠，骆驼之家。

为此，我为动物园中所有的动物悲哀，为在游人的欢笑中开屏的孔雀悲哀，为懒洋洋地在铁笼里睡觉的老虎悲哀，为张着无神的眼睛无聊地甩着鼻子的大象悲哀……

同时，我也为各种矫情的花木园艺悲哀，为扭曲个性的树桩盆景悲哀，为匠气十足的园林悲哀……

野性只能在合乎它生存的环境中存在。因而，我们赞美的是：虎啸深山，驼走大漠，鱼翔碧水，鹰击长空，鲸掣大海……

还是我们的老祖宗庄子伟大。请看他如何说“天放”之美：他说：“马，蹄可以践霜雪，毛可以御风寒，啮草饮水，翘足而陆，此马之真性也。”①这真性即自然性、本性、野性。马的美就在此。然而，经所谓善治马的伯乐一番整治，或“烧之”，或“刻之”，或“烙之”，继而加上羁绊，又让马“饥之”，“渴之”，“骤之”，“整之”，“齐之”……马的野性已消磨得差不多了，哪还有马之美呢？“凫胫虽短，续之则忧；鹤胫虽长，断之则悲。”②尊重自然，就是要尊重自然的野性、原始性！

只要有自然的山林存在，我就不会去欣赏作为替代品的人工园林；只要有江河湖海存在，我就不会恋慕过于精致的游泳池。过于文明化的人类生命是如此脆弱，我们是不是需要进些“补”——野性之补呢？如若是这样，我们就要走进自然，走进山林，走近江海……

---

① 《庄子·马蹄》。

② 《庄子·骈拇》。

野性之美(下)

一

野性,总是让人想到那些凶猛的野兽:老虎、狮子、狼、猎豹……其实,所谓凶猛,只是人的一种感觉,一种评判。动物为了自身的生存,总是采取合适它们自身的生活方式。站在猛兽的立场上,它们捕食的方式,实在不算什么凶猛。从本质上来看,老虎嘶咬一只野羊与小草拱出地面接受阳光,并没有什么区别,都是野性的体现。

野性其实就是自然的生命力。人有生

命,动物、植物也有生命。如果不将生命理解得那么狭隘,整个宇宙都有一种生命。生命最为突出的特点不应该是意识,而是无限的创化:生存、发展、衰落、死亡、更新。我认为,美就在这种无限的创化之中。植物动物的生命、人的生命都是这创化链上的环节。有机物来自无机物又归于无机物,有机物有个生死循环的过程,无机物也有这样类似的过程,不仅从有机物与无机物的内在联系上,也从整个宇宙创化的生命意味上,我认为宇宙是生命的宇宙。

二

大自然的创化功能真是匪夷所思。我来到武陵源,在金鞭溪漫步,观看座座山峰的时候,在想,这峰怎么构造得如此奇特、美妙,既让人惊讶,又让人亲切;我来到神农架野马溪河滩捡拾美丽的石头的时候,在想,这石头中的图案怎么设计得如此精巧,真好像雕塑家的匠心之作。当然,地质学家会解释这一切。他们会告诉我们多少多少年以前,地壳是如何突然发生变动,也会说,那奇峰巧石,其实与人心没有任何关系,说它们通人性是完全没有科学依据的,这全是盲目的自然力在起作用。此种理论诚然是科学的,然而我对这种理论总是不信服,从直觉上、情感上,径直说,从美学意义上,我觉得,这奇峰、巧石的造成,有种伟大的智慧在作用,是宇宙这有情的伟大生命在创造。大自然,就是超级的画家、雕塑家,它是人类一切活动的祖师爷。

事物的巧妙就在于,纯是大自然野性之所为,却最能给人以精神上的慰藉。不要说感觉上的舒适,也不要说思想上的启迪,单是那份让人忘怀一切、物我合一、上下与天地同流的乐趣就是不得了的。我终于明白庄子的逍遥游是一种什么样的快乐了。"与天和者谓之天乐"。自然与人就是这样不仅血脉相通,而且情感相通,智慧相通!

三

美国现代美学家桑塔耶纳说,自然是我们的第二情人。说得很好。其实,就渊源来说,自然应是人类的母亲,人的生命本来自自然,是自然界各种运动,或巨大到惊天动地,或细微到无法感受,造就了宇宙的生命,从植物的生命到动物的生命,再到人的生命。我们现在对自然的认同,从本质上来说,是对始祖的认同,对母亲的认同。只是因为人——这宇宙的精灵以较其他生灵高级得多的发展,使其与自然包括与人类最亲的动物相对分离开来,才使人对始祖的那种膜拜感淡化了,甚至忽略了与自然的天然联系。如果说,科学使人与自然疏离,那么,是审美使人与自然亲近。不是吗?听听大诗人李白的审美感受:"相看两不厌,只有敬亭山。""举杯邀明月,对影成三人。""请君试问东流水,别意与之谁短长。"

近代西方流行的移情美学不就建立在认同人与自然情感相通、生命相通的基础之上么?

四

一本由美国人纳塔莉·安吉尔写的《野兽之美》是很值得

一读的。作者将其书的副题定为“生命本质的重新审视”。这无异是说,动物的美就在于生命。

动物有没有美,一直是有争议的。这本书以大量的事实描绘了动物世界的美诸如蝎子、蟑螂的美。虽然我们尚不能接受其中许多的美,但我们也不妨宽容一些,不要将美看成人的专利品,动物作为生命的存在,也有自己的“美”,也有自己的“审美生活”(姑且都打上引号)。比如,玩耍,不只人会玩耍,动物也会玩耍,玩耍多少具有审美的因素。纳塔莉·安吉尔说,许多动物都有玩耍的需要。“小鲸鱼围着母亲的尾鳍翻滚跳跃,像一头黏乎乎的水中大象东游西逛时所感到的毫不掩饰的喜悦;也如一头年轻的棕熊用牙齿撕扯着一束鲜花,并在一片草地上奔逃,就像一位挤眉弄眼的西班牙舞者。”①纳塔莉·安吉尔将动物的玩耍相当地人化了。当然,动物的玩耍跟人的玩耍还不是一回事,动物虽然也有意识,但意识的层次比人低得多,其玩耍具有很强的生存本能的意义。这一点,纳塔莉也指出来了:“许多物种采用的各种形式的玩耍方式,这些都是为以后进行交配和养育后代而进行的。”

五

特别引起我们兴趣的是,与人一样,不论动物还是植物其性活动最具审美意义。且看纳塔莉·安吉尔关于野鸭性爱的富有

---

① [美]纳塔莉·安吉尔:《野兽之美》,时事出版社 1997 年版,第 157 页。

情调的描写：

> 啊，多么浪漫的情景！两只野鸭在池塘的水面上轻柔优雅地滑过，雄鸭紧依着雌鸭，一副耳鬓厮磨、白头到老的样子，哪有比这个情景更加动人心肠、甜蜜可爱的呢？或许还有密西西比河域流域的两只白天鹅，它们乳白色的长颈彼此浅吻，有若两颗爱心的交接，雪白的羽毛如同灵魂般的清纯，双双相守，直到生命的终结，这是何等醉人的情景啊！
>
> 它们交合在一起——小小偷情一次…… ①

这种“夫妻”恩爱的情景很容易让我们联想到人类。

当然，动物的生活也有很多与人相异且叫人感到恶心的东西，但这是从人的审美观念去看的，如果虽不能换一种观念，但至少宽容一些，也能品赏出其中的妙处。据一直跟踪土狼的生物学家发现，在非洲草原上，两只土狼相遇，它们立即掉转头，让其尾巴相对，处于从属地位的一只抬起一条腿来，以使自己内在的生殖器时时暴露在处于高级地位者的嘴前，这是表示可被攻击和信任的最高动作。纳塔莉幽默地说，这就跟一位警官接受路人的致敬一样。在这种时候，那位处于高位的土狼也会抬起后腿来，让地位低的那只土狼嗅一嗅自己的阴部。

植物的花从生物学的观点来看，是生殖器；从审美角度看，它是植物最为美丽的部分。

---

① ［美］纳塔莉·安吉尔：《野兽之美》，时事出版社 1997 年版，第 19 页。

兰花是一种名贵的高雅的花,而据纳塔莉·安吉尔的研究,兰花对人的审美价值的形成与它的野性有密切关系。在美国有一种粉红色的杓兰,它是靠蜜蜂传播花粉繁殖的。兰花特殊的构造造成了蜜蜂传粉的困难,故只有23%的杓兰最后得到授粉。而兰花又特别能等待,直到完美的采粉者出现。这就保证了三万个不同的兰花品种中的大多数没有同类,它们成为天然的稀有的花朵。这样,兰花就成为开花植物中寿命最长的一种,而且天敌甚少。这就是兰花的生命之道,它的野性。正是这种野性,造就了兰花特有的美!

六

动物与植物世界奇特的性行为与其生命之道造就了它们各自不同的美学魅力。

野性,如从单体来说,是每一物体的自然本性,如从整个生命网络来说,它是生态,生态不只是生命体与生命体的关系,还包括生命体与非生命体的关系,与其整个环境的关系。每一物体的野性都立根于生态。故而野性的美,从深层次说,是生态的美。生态问题是个极其复杂又极其有机的系统工程,我们当然不能在此文详细展开,从美学上来讲,美的根本其实不在单体的生命,而在生态。没有这个根本,一切美都谈不上。因为过去生态问题并不严重,我们将它忽略了,正如在空气充足的地方忽略空气一样。

如果从生态的高度来看野性的美,我们看重的是自然界整体的美、有机的美、再生性的美。所谓整体的美,就是要从人与自然、自然物与自然物的相互关系的角度来把握、品鉴自然的美,从这个意义来看,我对于用鸟笼养鸟供人观赏不甚赞成。我们要观赏美丽的鸟,最好是为鸟建立一个最适合它生存的环境,给它自由。千万不能像《庄子》中那位愚蠢的国王那样,用钟鼓之乐去娱乐鸟,用鱼肉去款待鸟,那样的结果,只能是将鸟吓死。我们不能“以人养鸟”,而只能“以鸟养鸟”。所谓有机的美,即生命及生命意味的美。就视觉感来说,绿色的审美价值之所以远胜其他色彩,根本的也就在它的有机性。我一直十分看重树林在自然美中的特殊地位,因为树林是绿色的。绿化是景观的基础,而在绿化中,树林远胜于草地。目前好些地方不惜毁林建草地,实在是得不偿失。再生性是有机性的题中之义,之所以单提,不过是为了强调。现在每天都有成千上万的动植物品种在消亡,它们已是没有再生的可能了。这是地球上最为可怕的事。上个月,养在武汉水生所的珍稀哺乳动物长江白鳍豚淇淇死亡,曾引起不小的震动。白鳍豚比人类历史还早,出现在地球上已有上千万年了,目前它在长江仅存上百条。它的消亡,不只是一个动物品种的消失,定然会带来一系列的变化,影响到人类的生存。哀悼淇淇,含有哀悼人类自身的意味。

地球上每一物种的消亡,意味着生命的部分丧失,美的部分丧失!不仅为了人类的生存,也为了美,尊重野性,尊重生态吧!

生机之美

"杂花生树，群莺乱飞。"

"采采流水，蓬蓬远春。"

"千岩竞秀，万壑争流。"

"大漠孤烟直，长河落日圆。"

"落木千山天远大，澄江一道月分明。"

"万壑有声含晚籁，数峰无语立斜阳。"

……

这些都是我们非常熟悉的古人描绘自然山水的佳句。美吗？非常美。那么，我们要进一步问，这自然山水美，到底美在哪里？

仔细品味，同时也结合自己欣赏自然山水的经验，我们感悟到，这自然山水似是人类社会，充满着活力，充满着生机。

“落花无言，人淡如菊。”①山水如人，人亦如山水。宋代大画家郭熙说：“春山淡冶而如笑，夏山苍翠而如滴，秋山明静而如妆，冬山惨淡而如睡。”②郭熙是将山水看做人了，其实，即使没有将山水看做人，欣赏者也能从山水中感悟到人的意味。不是吗？品味王维的名句：“明月松间照，清泉石上流。”吟哦间，一份令人神往的高洁、一种深入骨髓的寂寞、一种超尘脱俗的禅意油然升上心头。

按自然科学的视角，宇宙万物分为有机物与无机物两大类，有机物包括动物与植物是有生命的，无机物是无生命的。不过，这只是一种视角，如果从审美的眼光去看这世界，这世界是有生命的，不仅有机物是有生命的，无机物也是有生命力的。只是因为无机物的生命不是实际的生命，因而它的生命，比较确切的说法，是生命的意味。生命的意味、生命可以概括成“生机”。

自然山水美，不论是有机物还是无机物，不论是动态的物，还是静态的物，它们的最大的魅力都在于体现了一种“生机”。

“生机”是自然山水美的灵魂。

黑格尔说：“作为感性上是客观的理念，自然界的生命才是美的”。③ 生命为什么美？乃是因为生命是理念的恰当表现形

① 司空图：《二十四诗品》。

② 郭熙：《林泉高致・山川训》。

③ ［德］黑格尔：《美学》第1卷，商务印书馆1979年版，第160页。

式，“活动和敏捷才见出生命的较高的观念性”①，按照黑格尔的这个理论，在自然界中，有机物美于无机物；在有机物中，动物美于植物，“自然美的顶峰是动物的生命。”②这里，黑格尔将一个正确的命题推向了死胡同。因为实际上，无机物的美并不弱于有机物的美，植物的美并不弱于动物的美。这是显而易见的事实。

以审美的眼光看待自然物，不在于自然物是不是实际上拥有生命，也不在于生命是不是取高级的形态，而在于它是否能与人的生命取相互肯定的关系，是不是具有一种类似于人的生命的生机。从美学角度来看，自然风物，不管是有机物还是无机物，静态的物还是动态的物，只要它的形象与人的感知、情感、理解……概而言之，与人的生命意义相契合，它就与人建立起了一种审美关系，就产生了一种审美情境，处在审美情境中的自然山水就有了生机，也就有了美。

云南路南的石林是一堆乱石，是没有生命的，按黑格尔的理论，审美价值很低，然按美在生机的理论，这一堆无生命的石头，在它进入人的审美视野后，全都变得生气勃勃，充满活力了。那峥嵘峭拔的形状，那直指青天的气势，都体现出强烈的动感、力感。这种动感、力感与人的创造精神、蓬勃活力相契合，成为人的本质力量的感性肯定。石虽无语，然在石林游览，我们似听到震天撼地的声音，那是前进的呼啸，那是战斗的呐喊……

王国维激赏宋代诗人宋祁的名句“红杏枝头春意闹”，说是

---

① ［德］黑格尔：《美学》第1卷，商务印书馆1979年版，第169页。

② ［德］黑格尔：《美学》第1卷，商务印书馆1979年版，第170页。

"著一闹字而境界全出"①,为何著一"闹"字境界全出?不就因为闹显示出了蓬勃的生机?那艳如儿童脸庞的红杏,让人们联想起儿童的喧闹与欢笑。

山东泰安的岱庙有几株枯死的汉柏,尽管没有生命了,但枝干挺拔,线条遒劲,仍然保持着生命的形式。站在它的面前,我们仍然能强烈地感受到生命的力量。

生机重在意味。有些动物尽管有生命,但因它所体现出来的力的形式与人的心理力、人的生机感不相协调,对人的生活意义、价值不相契合,我们并不觉得它美,甚至觉得它丑。

作为欣赏主体的人,总是以自己的生理、心理去感受大自然,人们总是情不自禁地将自己对生命的热爱,对生命的感悟,特别是对人生价值的认识自觉不自觉地移到对自然山水的欣赏中去,总是习惯性地将自然山水拟人化,将静态的自然物动态化,将自然物作为自己的又一体,从中寄寓着自己的情感、自己的理想,而且人有这样的气度,总是将宇宙的生命与自己的生命合为一体,将天地之大美与人之美统一起来。

辛弃疾说得好:"我见青山多妩媚,料青山,见我应如是。情与貌,略相似。"②

---

① 王国维:《人间词话》。

② 辛弃疾:《贺新郎·邑中园亭,仆皆为赋此词。一日,独坐停云,水声山色,竞来相娱,意溪山欲援例者,遂作数语,庶几仿渊明思亲友云》。

天籁无语

一

我常忆起南岳那个月夜，中秋，我在南岳半山腰的磨境台。已是夜半时分，不想睡，信步走出宾馆，登上一个平台。满天澄明，月在中天。南岳的山山岭岭浴着银辉，静静地、静静地蹲伏着，屹立着。万籁无声。

我的心中升腾起一种肃穆，一种庄严，一种敬畏。我似乎感悟到什么……

我想起了"天籁"。庄子说过三种声音：地籁、人籁、天籁。他说："地籁则众窍是已，人籁则比竹是已。”“夫天籁者，吹万不同，而使其自己也，咸其自取，怒者其谁邪？”①风从地孔中穿过，故而出声，为地籁；人气从竹孔中穿过，故而发声，为人籁。无地孔则无地籁，无竹孔则无人籁。那么，地籁是地声之本色么？不是；人籁是人声之本色么，也不是。那么，什么才是本色之声——天籁。因为天籁虽“吹万不同”，然都是“自取”即自己发声的啊！

没有两物相摩，哪来的声音？是的，没有，那就是无声，无声也是本色！

该出声的出声，不该出声的不出声，该动的动，该静的静，一切按自己的本性生存着，生活着，这就是天籁。

二

“泉涸，鱼相处于陆，相呴以湿，相濡以沫，不如相忘于江湖。”②是啊，江湖才是鱼的家，畅游于江湖，那才是鱼的本色啊，这样的“相忘”其实是一种很可贵的自由，这才是真正的“生”，而相濡以沫的苟延残喘，只不过是延缓死期的到来罢了，这算什么“生”呢？

本色地生存，本色地活着，本色地悲伤着，本色地快乐着，这才是天籁！

本色是生存的最低的层面，却也是生存的理想境界。

本色不易！

---

① 《庄子·齐物论》

② 《庄子·大宗师》

于是我想起了伟大的自然界。

“天地不仁,以万物为刍狗”。① 自然界之所以保存这样多的美,根本原因在没有人去关心它,骚扰它,它自生自灭,自珍自爱。

你见过动物真正的美丽吗?这在动物园是看不到的,要到自然界中去。巧舌如簧的八哥只是可怜地重复“你好”之类的学舌之语,哪里能及它们在丛林中的自由歌唱!非常感谢《动物世界》的拍摄者,因为他们在自然界对动物的偷拍,才使我们一睹动物真正的风采——本色的美。

三

本色本质上是静穆的。

张家界的山峰现在是身价百倍了。二十多年前,它还只是一个小小的林场,养活十来个伐木工人,几曾有这样的喧嚣,这样的炙手可热?然而张家界还是张家界,金鞭岩并不因为取名为金鞭而有些微骄傲,十里画廊并不因人称为画廊而洋洋自得。面对众口一词的赞美,它们只有一个态势,那就是沉默。

需要喧嚣吗?需要广告吗?不需要。美,真正的美是静穆的。在张家界的天子山顶,我选一块草地坐下来,打量这四周的景物,正是黄昏,夕阳如血,远处的几座山峰在夕阳中熠熠闪光。我起身,俯瞰神堂湾那如森林般的山峰,金光荡漾。我想起陆游的诗,“数峰无语立斜阳”,很美,很静。

---

① 《老子·五章》

德国哲学家温克尔曼说到古希腊的美:“希腊的杰作有一种普遍和主要的特点,这便是高贵的单纯和静穆的伟大。正如海水平表面波涛汹涌,但深处总是静止一样,希腊艺术家所塑造的形象,在一切剧烈情感中都表现出一种伟大和平衡的心灵。”①我猜测,这种静穆的审美理想来自对自然美的观察与体验。

我喜欢夜晚到外面走走,东湖边或是珞珈山。白天太喧嚣,人也太浮躁,太功利,我总觉得不是宇宙的真面目,也不是人的真面目,只有夜晚,当夜幕将一切悄然隐去,一切静下来,宇宙才显出它的本色来,人也才显出他的本色来。这时,也只有这时,我才感到生活的静谧与美好。

这世界,难得一个“静”字!

四

发明语言,是人的伟大,但也许也是人的浅薄。人总是想说清什么,说透什么,于是喋喋不休,但终于没有说清,没有说透。禅宗就是聪明,不立文字,也尽可能地不说。小和尚不明事理,老是问“如来西来意”,“何为佛法”,老和尚或是胡乱说什么“一寸龟毛重七斤”、“干屎橛”之类,或是不说,问得急了,就是几马棒,谓之“棒喝”。总之,真正得道,靠的是自己去“悟”。

是的,人的一点灵性其实就在“悟”。

---

① [德]温克尔曼:《论古代艺术》,中国人民大学出版社 1989 年版,第 41 页。

世上的至理不是可说的，世上的至情也不是可说的！难怪老子警示："道可道，非常道。"难怪辛弃疾慨叹："而今识尽愁滋味，欲说还休。欲说还休，却道天凉好个秋！"——不是不想说，那愁说不出来了。

与大自然的交流真是不需要语言的。它的美妙，它的伟大，它的神奇是你的语言可以表达的吗？我的户外是一排高低错落的树木，微风中它摇动着枝叶，在向我表达它的情意，而在无风时，它的肃穆庄严，更是让人起敬。需要说点什么吗？不需要。树都懂。

天籁无语，珍惜静穆！

倾听天机

你注意过听景的美妙吗?我曾在青岛海滨的一个宾馆过了一夜。夜已深了,澎湃的潮声将我惊醒了。我索性细细地听,细细地品,我只觉得那声音从极遥远的天边响起,极细微,如轻风掠过林梢,似蛩语发自草丛。渐渐地,那响声大了起来,轰隆隆如火车驰近,“砰”的一声,清脆而又雄浑,接着是一声“哗”,潮退了下去,逐渐地归于沉寂。于是再次从远处传来极细微的声音……

我就这样反复地倾听着,那白天见过的大潮景象在我脑海里掀起,更犷厉,更可怕,更神秘,荡人心魄。

我的家前后均有林子,我每天的生活就从听景开始。约莫四点钟的样子,我听到了第一声鸟啼,随后,又加入了几声,到五点,全体鸟儿加入了大合唱,并不整齐,但错落有致,中间有特别嘹亮的,志在一鸣惊人,显示出鹤立鸡群,你完全可以想象出那份挑战式的骄傲。到六点多一点,比武式的大合唱落幕,几对杰出者相互对话,你来我往,兴致不减。

鸟语是多种多样的,有的尖利,有的沉闷,有的似小轮滚动,有的似竹哨轻扬,有的似耳语隐约,有的似虫鸣唧唧。

看景有看景的优越之处,但听景也有听景的妙处。看景比较清晰,听景比较模糊,然模糊也有模糊的好处,正是因为感觉上的模糊,激发了想像力,想像力以其创造性的虚拟,不仅让景观在心灵里实现了完整,而且带动了情感与理智,促使审美深入了。看景,一目了然,审美平面展开;听景,由听入心,审美纵向深入。看景,由实入虚;听景,由虚入虚。由实入虚难,由虚入虚易。

宋代词人蒋捷有《虞美人·听雨》:

> 少年听雨歌楼上,红烛昏罗帐。壮年听雨客舟中,江阔云低,断雁叫西风。而今听雨僧庐下,鬓已星星也。悲欢离合总无情。一任阶前,点滴到天明。

这听雨的感慨,渗透着人生的三种况味,而又恰到好处地表达了人生的三个阶段。少年歌楼听雨,浪漫风流;中年客舟听雨,悲歌慷慨;老年僧舍听雨,心如止水。应该说,自然界的雨没有什么不同,为何不同时期听雨有不同的感慨呢?这当然主要是人的心态的原因,但是与"听"这种特殊的审美方式有很大关系,听,它给予了审美主体非常多的情感自由与思维自由。

听与所听的事物也有某种特定的关系,我们发现,有三样东西,听的感觉比观的感觉要更具审美意味:一是雨,二是风,三是夜。

关于雨,我们前面已说了很多。雨,需与物接触方有声,与雨接触的物不同,不仅声音不同,意味也不同。雨入湖面,声细而柔,融然入水,隐然见出甜蜜;雨滴石阶,铿锵有力,虽单调乏味,但义无反顾,显然听出果决;雨打芭蕉,砰然有声,再兼细流淙淙,妙如音乐。

听雨的情感是丰富的,有喜悦,杜甫的"随风潜入夜,润物细无声",传达出的不只是他一个人的感情,而是很多人特别是农民的感情。但是,在古人的作品中,我们看到的听雨,更多的是忧伤,是怅惘,是迷茫。李清照听雨:"梧桐更兼细雨,到黄昏,点点滴滴。"这份愁苦,浓重得深入骨髓,任什么也化解不开,自然也消受不起。吴文英的"听风听雨过清明,愁草瘗花铭",虽是淡淡的轻愁,却有更大的弥散性,真个是"无边丝雨细如愁"!

有人喜欢忧伤的情怀,忧伤本身不是美,但忧伤的情怀借助于听雨倒是得到宣泄了。如果听雨只是逗起人的愁与苦,那又何必听?又何必将这听写成诗与词?李清照的听雨其实是一种宣泄,写词也是一种宣泄。宣泄完了,心境也好受了,正如雨下过了,天就晴了。难怪李商隐说"留得残荷听雨声"。

比之听雨,我比较喜欢听风。你细品过风声吗?我的屋后是珞珈山,秋天登上山顶,别有一番滋味。此时,你主要不是在看,而是在听,那飒飒的秋风把整个山峰搅得全在动摇,阵阵林涛,忽儿猛烈,忽儿舒缓,忽儿尖利,忽儿雄浑。你似乎置身于暴风雨的海洋,满耳是海涛在澎湃,呼啸;又好像置身于巨大的音乐厅,在欣赏一曲雄壮的交响乐,各式各样的飞动的音符直朝你的耳鼓撞来。所有的树梢都在强劲地摆动,似在舞蹈,又似在癫狂。金黄色的树叶,雪花似的在飘落,沙沙地一片悲壮地哀鸣。我第一个感觉总是:太有气势了,太有力量了。我屹立在风中,开始似在与风较量,最后竟觉得自己就是这风,这强劲的风。此时,我总是情不自禁地默读起欧阳修的《秋声赋》:“初淅沥以潇飒,忽奔腾而澎湃,如波涛夜惊,风雨骤至。其触于物也,鏦鏦铮铮,金铁皆鸣,又如赴敌之兵,衔枚疾走,不闻号令,但闻人马之行声……”我喜欢听这样雄壮的大风,不过,我也喜欢听轻柔的和风。那种轻柔的和风,似情人在耳边絮语,让人感到温馨、舒适。

当然,最佳的听,我认为还是听夜。最好是星夜,在室外,在草地,在旷野,在林边,在湖畔。你的视觉受到局限,此时,也只有此时,你的听觉才能发挥到淋漓尽致的地步。你要静心倾听,不只是蛙鼓,不只是虫鸣,不只是微风……你要静静地听宇宙的心音,那是什么样的声音?你的耳朵似乎从未听到过,也许它根本就不是声音,因而你不是用耳去听,是用心去听。是啊,只有“心耳”才能听到“心音”。不只是人的生命的心音,而且是宇宙的生命的心音。老子当年这样听过,所以他才说“大音希声”;康德当年这样听过,所以他才说:位我上空者灿烂星空,道德律令在我心中。其实不止老子、康德,一切哲人都这样听,所以他们才是哲人。

你听到什么了?

天开画图（下）

雄伟与秀丽

自然山水美有各种形态,自然山水美形态是由两个方面决定的,其主要的方面是自然山水本身的情状,其次要的方面是欣赏者的审美心理特别的心理定势。生活在张家界的人们也许不会特别觉得这山面目狰狞,但是第一次来欣赏的游客也许会感到一种恐惧。一般来说,山水美有八种形态:雄伟与秀丽、旷远与幽深、恬淡与绚丽、艰险与奇特。

雄伟与秀丽是最为普通的山水美形态。雄伟美又称壮美、阳刚之美,西方美学称为崇高;秀丽又称优美、阴柔之美。清代著名的古文家姚鼐在谈到文章风格时生动地描述了这两种不同的美：

> 其得于阳与刚之美者，则其文如霆，如电，如长风之出谷，如崇山峻崖，如决大川，如奔骐骥；其光也，如杲日，如火，如金镠铁；其于人也，如冯高视远，如君而朝万众，如鼓万勇士而战之。其得于阴而柔之美者，则其文如升初日，如清风，如云，如霞，如烟，如幽林曲涧，如沦，如漾，如珠玉之辉，如鸿鹄之鸣而入寥廓；其于人也，谬乎其如叹，邈乎其如思，暖乎其如喜，愀乎其如悲。①

这里，姚鼐列举了大量自然山水美的例子来说明阳刚之美与阴柔之美的特点。的确，在自然山水中，我们可以大量地接触到这两种不同的美。

构成自然山水雄伟的主要是两个条件：其一是空间体积大，其二是气势力量大。雄伟可以是静态的，如巍峨挺拔的山岭、广阔无垠的沙漠，莽莽苍苍的森林；也可以是动态的，如奔腾澎湃的江河，翻天覆地的狂潮，气势磅礴的日出。静态的雄伟主要表现为体积巨大，面积辽阔；动态的雄伟则主要体现为一种磅礴的气势或难以抵御的巨大力量。

泰山在中国的名山中可以称做雄伟的典型。它崛起于华北大平原的东部，遥对滔滔大海，气势十分雄伟；它虽不及江南山岭林深树茂、郁郁葱葱，但那裸露着的悬崖峭壁、那峥嵘突兀的奇峰怪石，何等的雄浑苍劲！那自中天门到南天门的一条石径，

---

① 姚鼐：《复鲁絜非书》。

仿佛垂天而悬的天梯,既叫人魂销魄散,又叫人肃然起敬。南天门上一副对联写道:“门辟九霄,仰步三天胜迹;险崇万极,俯临千嶂奇观。”这可说是南天门上景观的真实写照。当然,最能显示泰山雄伟的还是玉皇顶。明代散文家张岱《岱志》云:

> 登封台,为泰山绝顶。台上一方石,色青如蛋,与天无二。山后一望,千山万山皆驯伏趾下,如大海波涛,翻腾蹴踊,砑雪惊雷,滂薄无际,信是大观。①

如果碰上好天气,能够在泰山极顶看到日出,则更能领略泰山的雄伟了。姚鼐在《登泰山记》中曾经这样生动地记载了泰山日出的壮观:

> 戊申晦,五鼓,与子颖坐日观亭,待日出,大风扬积雪击面,亭东自足下皆云漫,稍见云中若樗蒲数十立者,山也。极天云一线异色,须臾成五采。日上,正赤如丹,下有红光,动摇承之。或曰:“此东海也。回视日观以西峰,或得日,或否,绛皜驳色,而皆若偻。”

就江湖河海的美来说,浙江的钱江潮可说是雄伟的代表,它最充分体现了雄伟所要求的气势和力量。宋代文人周密生动地描述了浙江潮“吞天沃日”的壮观:

---

① 张岱:《琅嬛文集》。

> 方其远出海门,仅如银线;既而渐近,则玉城雪岭际天而来,大声如雷霆,震撼激射,吞天沃日,势极雄豪。杨诚斋诗云:“海涌银为郭,江横玉系腰”者是也。①

如此雄壮瑰奇的景色怎不叫人蜂拥而至,一睹为快呢?“八月十八潮,壮观天下无。”——苏东坡这句观潮诗并不是过头的。

雄伟给人的心理感受很有特点。这种感受突出地表现为一种充满矛盾冲突的、激荡不已的心理过程。首先是自然风物的巨大形体和无穷的威力给人的心理构成一种压迫感。人不自觉地或感到自己的渺小,或觉得有些恐惧。出于对抗自然界的“压迫”、“威胁”,主体自然地激发出一种豪情胜慨,一种人独有的自豪感、自尊感,以实现与客体的威力、气势的心理平衡。这种心理平衡的打破到心理平衡的重建,经历了一个由痛感到快感或者说化痛感为快感的过程。这种由痛感转化来的快感,其调质不是怡悦,而是惊赞,不是低幅度的慢节奏的轻松愉快,而是大起大落饱含力量的狂喜、振奋、大痛快。康德在谈崇高时,谈到这种美感。他说:

> 好像要压倒人的陡峭的悬崖,密布在天空中迸射出迅雷疾电的黑云,带着毁灭威力的火山,势如扫空一切的狂风暴雨,惊涛骇浪中的汪洋大海以及从巨大河流投下来的悬瀑之类景物使我们的抵抗力在它们的威力之下相形见绌,

① 周密:《武林旧事·观潮》。

> 显得渺小不足道。但是只要我们自觉安全，它们的形状愈可怖，也就愈有吸引力；我们欣然把这些对象看作崇高的，因为它们把我们心灵的力量提高到超出惯常的凡庸，使我们显示出另一种抵抗力，有勇气去和自然的这种表面的万能进行较量。①

这里，康德强调了崇高感的两个特点：虚拟的危险感与实际的安全感的统一；化客体的崇高为主体的崇高。虚拟的危险感使人产生痛感，但实际的安全感又为这种痛感的消除准备了必要条件，而当主体的崇高精神被唤起，感到人"有勇气去和自然的这种表面的万能进行较量"之时，痛感就转化成快感。而且由于这种快感是经过一番内心的冲突获得的，因而就不是一般快感了。当然康德谈的只是雄伟感的一般特点。在我们实际的美感体验中，由于种种原因，这些特点不一定都很突出。但是，惊赞感、振奋感，是一切雄伟感不可缺少的美感特质，而情感深处的矛盾冲突激荡不已，却是这种惊赞感、振奋感产生的内在原因。②

秀丽与雄伟相对，是山水美的另一种形态。它的突出特点是：山不甚高大，但林木茂密，外形轮廓不以直线为主，呈挺拔刚健之势，而以曲线为主，显得纤柔娇弱。秀丽的山水美大都以水为主要构成因素，以绿为基本的色彩调质。我国江南，气候湿

---

① 转引自朱光潜：《西方美学史》下册，人民文学出版社 1979 年版，第 379 页。

② 雄伟与崇高是两个既有叠合，又有些不同的美学概念，分别体现了中西方的美学传统。我们这里谈的是它们相叠合的那部分意义。

润，雨量丰富，故山清水秀，不少风景区以秀丽著称。这与北方的山水大都呈雄伟恰好相对。

桂林的山水是秀丽的典型。唐朝文学家韩愈咏桂林的诗写道："水作青罗带，山如碧玉簪。"这是桂林山水秀丽美最准确的写照。"青罗带"，轻也，柔也，碧也；"碧玉簪"，小也，巧也，灵也。宋代文人周去非比较了桂林的山与其他地方的山，他认为，黄庭坚诗中说"桂岭连城如雁荡，平地苍玉息嵯峨"是不妥当的。雁荡山虽然也称秀丽，但有大龙湫、三折瀑这样的大瀑布，山也比较高，虽清秀但又具有雄伟之概，而桂林的山不及雁荡山一半高，并"无尊雄之势"。至于阳朔诸山，"极可赏爱，青山绿水，团峦映带，烟霏不敛，空翠扑人，面面相属，人住其间，真住莲花心也"。① 漓江是构成桂林山水秀美的重要因素。漓江不仅以其流速平缓和碧玉琉璃般的澄清令人恬然可亲，而且由于映照两岸青山的倒影，折射彩霞和月色的光辉，造成了一种极为神秘、清丽的境界，为桂林山水增姿添彩。如果在漓江泛舟，在静谧的氛围中听"欸乃"的桨声，赏两岸的奇峰倒影，则如入仙境。清代诗人袁枚诗云：

> 江到兴安水最清，青山簇簇水中生。
> 分明看见青山顶，船在青山顶上行。
>
> ——《由桂林溯漓江至兴安》

西湖也是以秀美著称的。苏轼将它比做西子，实在绝妙，元

---

① 周去非：《岭外代答》，转引自《古代桂林山水文选》，漓江出版社 1987 年版，第 7 页。

代诗人卢挚有散曲分别描绘这个西施姑娘春、夏、秋、冬四季不同情韵的美:

一

湖山佳处那些儿,恰到轻寒微雨时,东风懒倦催春事。嗔垂杨袅绿丝,海棠花偷抹胭脂。任吴岫眉尖恨,厌钱塘江上词。是个妒色的西施。

二

朱帘画舫那人儿,林影荷香雨霁时,樽前歌舞多才思。紫云英、琼树枝,对波光山色参差。切香脆江瑶脍,擘轻红新荔枝。是个好客的西施。

三

苏堤鞭影半痕儿,常记吴山月上时,闪寻灵鹫西岩寺。冷泉亭偏费诗,看烟鬟尘外丰姿。染绛绡裁霜叶,酿清香飘桂子。是个百巧的西施。

四

梅梢雪霁月芽儿,点破湖烟雪落时,朝来亭树琼瑶似。笑渔蓑学鹭鸶,照歌台玉镜冰姿。谁潺愁鸱夷子,也新添两鬓丝。是个淡净的西施。

——《〔双调〕湘妃怨·西湖》

在卢挚的眼中，西湖这个绝色的美人，她是很有灵性、很有个性的。她既是妒色的，又是好客的；既是百巧的，又是淡净的，外貌与神韵实现了很好的统一。

秀丽与雄伟一样，其审美特色的构成与审美情境很有关系。秀美的事物一方面自身需具备一定的条件，如轻柔、娇小、平缓等，但亦要看审美者站在什么样的角度去审视它。盆景中的假山，高不过数尺，亦可以有雄伟的山水美。这是因为欣赏者有一种心理定势，他不把它当成真山水看，而只是当做山水的缩形来看。在这样一种特定的审美情境中，盆景中的假山就给人以雄伟感了。张岱说：

> 山高数十里，尽十里而没；山高数百仞，尽百里而没。岱至州城望之，不觉其甚高，及至黄河舟次，七百里而遥矣，然犹及见岱之螺髻焉，则其高可胜计哉？且山东地势之高出于江南者，不知几千万仞，而岱又高出于山东几千万仞，则自江南发足之地，凡从鞋跋下高一咫尺，皆岱之高也。①

张岱的这段议论，说明了感官上所觉察到的真实并不是理智上所肯定的真实。泰山，从州城望去，并不觉得它高得不得了，然而，根据“山高数十里，尽十里而没”的道理，在七百里之

① 张岱：《琅嬛文集·岱志》

遥的黄河看泰山,仍可见到泰山,尽管小如螺髻,但亦可以推算出它有多么高了。如果知道山东地面高出江南几千万仞,那么从处于江南的地面来看泰山,则泰山就显得更高了。由此可见从州城看泰山不觉其甚高和在七百里之外的黄河看泰山又觉得它小如螺髻,都是不能反映事物本质的感知。在审美中,主体的心理定势、感知、情感、想象、理智等因素都要发挥作用。这些因素的合力,决定了审美情境的性质。由于各人的心理素质不同,不能一概而论。盆景中的假山,在某些人看来,何尝又不可以说是秀美的?泰山,在远在七百里之遥的黄河舟次看去,小如螺髻,如果不懂得"山高数十里,尽十里而没"的道理,又怎么能产生雄伟感?

事物的审美属性也是依各种条件而变化的,光线、气候的变化对山水美形态的影响尤为明显。高山上奔涌而下的瀑布,一般可视为雄伟,但光线、气候发生变化了,它的审美情境也会发生变化。庐山瀑布都说是雄伟的,李白有一首写庐山瀑布的诗,说是:"飞流直下三千尺,疑是银河落九天。"不过,李白是在阳光下看的瀑布,如果在月夜看,又如何呢?元代书画家赵孟頫倒是月夜赏过庐山瀑布的,他也写了一首诗,诗云:"飞泉如玉帘,直下数千尺,新月如帘钩,遥遥挂空碧。"这情景无论如何说不上雄伟,而只能说是秀丽了。瀑布也并非凡白日观赏都是雄伟的,月夜观赏就都是秀丽的,一切都要看具体情况,看特定的审美情境。像著名的雁荡山大龙湫瀑布,从连云嶂飞奔而下,高达90米,"轰然下捣潭中,岩势开张峭削,水无所着,腾空飘荡,顿令心目眩怖"①。这的确是雄伟的,但随着风力和晴雨之不同,其景色和姿态也会发生变化。大龙湫是千姿百态的,既有雄伟粗犷的一面,又有潇洒素朴的一面,还有娇媚婀娜的一面。张岱观潮,说潮来时"风号浪炮,轰怒非常,或大如五斗瓮,跃入空中,坠下碎为零雨;或如数万雪狮,逼入山礁,触首皆碎"。这显然是雄伟的,然而"夜半风定,开篷视之,半规月在山峡"。此时"风弱水柔,波纹如縠,月色罨金,镞镞波面"②,这又是秀丽的了。由此可见雄伟美与秀丽美的构成除山水自身的条件外,还要借助其他很多条件,包括光线、气象的条件。这些条件发生变化,与之相应的雄伟美或秀丽美就会发生变化。

比之欣赏雄伟的自然山水,欣赏秀丽的自然山水,主体的审美感受大不一样。欣赏雄伟,主体的心理过程是逆向的,充满冲突;而欣赏秀丽,主体的心理过程是顺向的,无冲突的。欣赏雄伟美,主体心理首先感到一种压迫,产生痛感,于是极力抗拒,焕发出一种昂扬奋发的情绪,通过心理调节,实现了主客体的和谐,才产生快感;欣赏秀丽,主体心理毫无压迫感,如好友重逢,欣欣然迎过去,很自然地感到亲切,感到愉悦。秀丽美的欣赏,心理负担最轻,凭直觉就可以迅速地调动情感,产生审美愉快;而雄伟美的欣赏,心理负担较重,须经过一番心灵上的抗争,让理智出来干预,才能获得审美愉快。

雄伟与秀丽在具体的景观中往往互相融合,或雄中有秀,或秀中有雄。泰山是雄伟的,但云步桥、对松山一带,风景十分秀

---

① 徐霞客:《游雁荡山日记》。

② 张岱:《琅嬛文集·海志》。

丽。云步桥北“御帐坪”的瀑布喷花溅玉,仿佛在泰山宽厚粗犷的胸脯奔泻,在此处倒显得很是秀丽。对松山又称万松山,山上苍松茂密,生机盎然,相比于泰山其他各处多是裸露或半裸露的山石,此处景色也称得上秀丽。乾隆曾写诗称赞此处风景:“岱宗最佳处,对松真绝奇。”桂林是秀丽的,但也有些可以称得上雄伟的自然风景,像七星岩的山洞、市内的独秀峰等。

有些风景区,雄与秀结合得很好,比重相当,难分轩轾,人们就称它为雄秀,比较典型的如雁荡山、峨眉山。雄伟与秀丽两相结合,对于欣赏者来说,审美心理得到了调剂,可以获得最丰富的审美愉快。

旷远与幽深

唐代著名的文学家柳宗元说:“游之适,大率有二:旷如也,奥如也。”①“旷”指的是旷远,“奥”就是幽深。

旷景之美,在于天高地阔,寥廓悠长。它或是一望无涯的大海、湖泊,或是莽莽苍苍、尽收眼底的山岭、田野(须从高处俯瞰),或是辽阔宽广的草原、沙漠。

叶圣陶在《游了三个湖》的文章中,比较了南京的玄武湖、杭州的西湖和无锡的太湖,他认为太湖比之其他两个湖,景色要旷远得

① 柳宗元:《永州龙兴寺东丘记》。

多。由于“湖面太宽阔了，渔船并不多见，只见鼋头渚的左前方停着五六只。风轻轻地吹动桅杆上的绳索，此外别无动静……太阳渐渐升高，照得湖面一片银亮。碧蓝的天空中飘着几朵若有若无的薄云”。叶圣陶说：“刚看过太湖，再来看西湖，就有这么个感觉，西湖不免小了些儿，什么东西都挨得近了些儿。从这一边看那一边，岸滩、房屋、林木，全清清楚楚，没有太湖那种开阔浩渺的感觉。除了湖东岸没有山，三面的山全像是直站到湖边，又没有衬托在背后的远山。于是来了个总的印象：西湖仿佛是个盆景，换句话说，有点儿小摆设的味道。”①叶圣陶的审美感觉相当敏锐。的确，太湖与西湖虽同是湖，却体现出两种不同的美学风格。太湖的辽阔与西湖的精巧构成鲜明的对比，前者以旷远取胜，后者以小巧见长。旷远之景一般显得粗犷，兼带雄浑气概；小巧之景，一般显得秀雅，兼具清丽之姿。

旷景一般有较高的观赏点。洞庭湖的壮阔，最好从岳阳楼上见出。明代散文家袁中道说：

> 洞庭为沅、湘等九水之委，当其涸时，如匹练耳。及春夏间，九水发而后有湖。……澄鲜宇宙摇荡乾坤者，八九百里。而岳阳楼峙于江湖交会之间，朝朝暮暮，以穷其吞吐之变态，此其所以奇也。②

昆明滇池之美，也宜于在大观楼上观赏：“五百里滇池奔来

---

① 叶圣陶：《游了三个湖》。

② 袁中道：《珂雪斋文集·游岳阳楼记》。

眼底，披襟岸帻，喜茫茫空阔无边。”①曹操当年东临碣石以观沧海，见“秋风萧瑟，洪波涌起。日月之行，若出其中，星汉灿烂，若出其里”。② 如此辽阔的景象，也只能是站在较高的碣石山上方能见出。李白黄鹤楼送别友人，月随舟去，只见“孤帆远影碧空尽，惟见长江天际流”。景象旷远苍茫，如果不是登上黄鹤楼，何能有如此目极天涯的辽阔视界！

当然，旷景也并不是只有登临才能有此感受。南宋诗人张孝祥月夜泛舟“稳泛沧浪空阔”，环顾四周，只觉得“玉界琼田三万顷”；仰望上空，则见“素月分辉，银河共影”，诗人浪游湖中，“扣舷独啸”，“细斟北斗”，以“万象为宾客”。整个境界十分阔大。

旷景以它的辽阔、丰富，充分满足欣赏者的视觉欲求，不仅如此，旷景也似它的阔大、雄浑，强烈地感染主体的情感，开拓欣赏者的思路，恢弘欣赏者的胸怀。没有哪一种类型的景观能像旷景这样强烈地激发欣赏者的主体意识。当你站在泰山之巅，“一览众山小”的时候，当你泛舟洞庭湖，以“万象为宾客”的时候，当你登上黄鹤楼，极目“长江天际流”的时候，一种“万物皆备于我”的主体意识情不自禁地涌上心头，你会感到世界是多么阔大，生活是多么美好，人又是多么崇高！为什么人们在游山玩水时喜欢登高，不就因为登高能开阔眼界，拓张胸襟，充分地满足人们的审美欲求么？“欲穷千里目，更上一层楼。”

柳宗元说的“奥景”是与旷景相对而言的，其审美性质属于

---

① 孙髯：《大观楼长联》。

② 曹操：《步出夏门行》。

我们说的“幽深”。幽深的构成主要有两个条件:第一是景观深邃,层次丰富,变化多端,给人神秘之感;第二是静,静也能给景观抹上一层神秘的色彩。

形成幽景的自然环境主要是丛林、深谷、山洞。这些地方光线暗淡,视阈窄小。由于这些特点,幽景最能满足人们的好奇心,激发探险的欲望,也最能给人想象,给人的审美留下最丰富的、最悠长的韵味。

幽景有的以景深悠长取胜。如长江三峡,长达九百里,郦道元所描写的:“两岸连山,略无阙处,重峦叠嶂,隐天蔽日,自非亭午夜分,不见曦月。”①幽景有的以层次丰富、景观多变取胜。陆游《游山西村》诗云:“山重水复疑无路,柳暗花明又一村。”好就好在于“疑无路”处,忽然出现了“柳暗花明”的奇景。由于幽景层次多,富有变化,故最能激起游人探幽寻胜的兴趣。陶渊明《桃花源记》中写的渔人误入桃花源,也是受了幽景诱惑之故。南岳衡山的藏经殿以幽著称,是南岳风景“四绝”之一。这个地方类似原始森林,树木蓊郁、小径错杂,加之溪流淙淙,雀鸟啁啾,静谧之中给人以神秘恐怖之感。

洞穴之美往往兼有景深悠长和景观多变两种长处。洞穴中,那光怪陆离的石笋、石柱、石钟乳,组成一处处奇妙的景观。有的如奇峰突起,有的像狮虎啸傲,有的如天女散花,有的像海底龙宫。有的山洞,如湖南索溪峪的黄龙洞,不仅景深长,而且有上下若干层次,好像一座大楼,可盘旋而上,步步有景,层层有景。有的洞,如湖南沅陵的无缘洞,洞中有好几处直通天空,阳

---

① 郦道元:《水经注》。

光可以照射进来,故而洞中不仅有石笋、石柱、石钟乳,还有蓊郁的树林,有腾飞的怪兽。许多著名的洞穴还有暗河,这些暗河大多蜿蜒曲折,泉水淙淙,恍若仙乐,时而清脆,时而隐约。若能泛舟,穿行于石洞之中,更是别具情趣。

有些景区,景深并不长,但林木茂密,遮天蔽日,光线暗淡,也能给人以幽深感。四川青城山是天下最著名的幽景,号称"青城天下幽"。湖南常德境内的桃花源,景区不是很大,但是遇仙桥一带堪称幽绝。此景位于狭谷之间,周围全是严严密密的竹林,青翠可爱。一条小溪,从山上流下来,泻珠流玉,铮钬有声。如若遇上蒙蒙烟雨的天气,似觉得那雨、那雾都化为绿色。

幽深之景特别离不开静。静则生幽,幽则必静。这静主要指人迹之静,非指自然界的天然声响。有时,铮钬的山泉,婉转的鸟鸣不但不破坏静谧的境界,反而为这静谧的境界增添了几分令人亲切的生气。宋代诗人曾几在三衢道中旅行,就对黄鹂的鸣叫感到很亲切。他的诗写道:"梅子黄时日日晴,小溪泛尽却山行。绿阴不减来时路,添得黄鹂四五声。"柳宗元对湖南一带幽景的感受也是如此。他的《渔翁》诗写道:"渔翁夜傍西岩宿,晓汲清湘燃楚竹。烟消日出不见人,欸乃一声山水绿。回看天际下中流,岩上无心云相逐。"这"欸乃"的桨声非但没有破坏这幽静的境界,反而增添了它的美。因此,幽静美要求的静不是死一般的寂静。这种死灭的寂静只能使人产生恐怖感,绝不能产生美感。幽深美所要求的静是萌动生机的恬静。

旷远与幽深,一以视野开阔见长,一以景深丰富取胜。前者将大千风光收入眼底,拓人胸襟,油然而生宏壮感,旷远美常与雄伟美相连属;后者于有限中窥见无限,激人遐想,油然而添寻幽访胜之趣,幽深美常与秀丽美相叠合。旷美可由静观而得,幽深美却常需动观。显与隐、大与深、静观与动观,构成旷远与幽深的主要区别。

恬淡与绚丽

恬淡和绚丽也是一对山水美形态。恬淡，一般色彩单纯，色调清淡，给人的感官刺激是轻柔的；绚丽，一般色彩丰富，色调浓艳，给人的感官刺激相当强烈。

恬淡，并不等于简陋，单纯也不等于平淡无奇。恬淡之中，往往萌动着蓬勃的生机，寓含着丰富的情感。它令人赏心悦目，意趣盎然，如雪景，这是极美的，但它的色调的确十分简单，它是那样的银白，又是那样的纯洁、可爱。它是冷的，但给人的心理感受，却是温暖的。它使你联想到崇高的品德、纯洁的心灵、一尘不染的高风亮节。它朴素，但不失美丽。如果你能更深一层地想到,在这白雪覆盖之下萌动着绿色的生命,就会情不自禁地泛起一种春天的喜悦。你也许会想象到春风骀荡之时,这皑皑的白雪,将变成一片青葱葱的大地。其实你也可以什么都不联想,就是白雪这琉璃般的水晶世界也够让你赏心悦目的了。如果你摘下一片覆盖着水晶般冰凌的叶片,端详着,那绿色的叶片仿佛在给你讲述着一个美好的故事。如果你打量着那满山的琼枝玉树,你会感到自己的心胸仿佛也给涤荡过一样。请看,在鲁迅笔下的白雪的美:

> 江南的雪,可是滋润美艳之至了;那是还在隐约着的青春的消息,是极壮健的处子的皮肤。雪野中有雪红的宝珠山茶,白中隐青的单瓣梅花,深黄的磬口的腊梅花;雪下面还有冷绿的杂草。蝴蝶确乎没有;蜜蜂是否来采山茶花和梅花的蜜,我可记不真切了。但我的眼前仿佛看见冬花开在雪野中,有许多蜜蜂们忙碌地飞着,也听得他们嗡嗡地闹着。①

鲁迅写的是江南的雪,这是一种情调,一种美。北国的雪则又是另一种情调,另一种美。请看作家峻青笔下北国的雪:

> 大雪整整下了一夜。第二天早晨,天放晴了,太阳出来了,推开门一看,嗬!好大的雪啊!那山川、河流、树木、房屋,全部笼罩上了一层白茫茫的厚雪。极目远眺,江山万

---

① 鲁迅:《野草·雪》。

里,变成了一个粉妆玉砌的世界。看近处,那些落光了叶子的树木上,挂满了毛茸茸亮晶晶的银条儿,而那些冬夏常青的松树和柏树上,则挂满了蓬松松沉甸甸的雪球儿。一阵风吹来,树木轻轻地摇晃着,那美丽的银条儿和雪球儿就簌簌落落地抖落下来,玉屑也似的雪末儿,随风飘扬,在清晨的阳光下,幻映出一道五光十色的彩虹。①

恬淡的山水美在湖光山色中经常可以看到。程颢诗:"云淡风轻近午天"②,这云天是恬淡的;赵嘏咏月:"月光如水水如天"③,这月色,这水色是恬淡的。此外,像王维描绘的"漠漠水田飞白鹭"④,黄庭坚醉心的"四顾山光接水光"⑤,范成大欣赏的"绿遍山原白满川"⑥,都可以看做恬淡美。

恬淡这种美在审美情境中给人的美感是舒适的、怡悦的。如果用"味"这个概念来说明它的美感特色,那么可以说恬淡这种美,其味较淡。但淡而有致,淡而有味,也许正因为它淡,更显得韵味深长。在饱赏万紫千红、金碧辉煌的绚丽之景后,打量淡淡的晨雾,目极浩荡的云天,品味溶溶月色,甚至看看白鹭掠过的漠漠水田,感到格外赏心悦目,透体舒泰。

比之恬淡,绚丽这种美以缤纷的色彩、浓烈的情调让人陶

① 峻青:《瑞雪图》。
② 程颢:《春日偶成》。
③ 赵嘏:《江楼有感》。
④ 王维:《积雨辋川庄作》。
⑤ 黄庭坚:《鄂州南楼书事》。
⑥ 范成大:《村居即事》。

醉。刘白羽在长江三峡看到的日出,是绚丽的。他写道:

过了八公里的瞿塘峡,乌沉沉的云雾,突然隐去,峡顶一道蓝天,浮着几小片金色的浮云,一柱阳光闪电样落在峭壁上。右面峰顶上一片白云像银片样发亮了,但阳光还没有降临。这时,远远前方,无数层重峦叠嶂之上,迷蒙云雾之中,忽然出现一团红雾,你看,那绛紫色的山峰,衬托着这一团雾,真美极了。就像那深谷之中向上反射出红色宝石的闪光,令人仿佛进入了神话境界。这时,你朝江流上望去,也是色彩缤纷,两面巨岩,倒影如墨;中间曲曲折折,却像一条闪光的道路,上面荡着细碎的波光;远处山峦,则碧绿如翡翠。①

多么丰富的色彩!这色彩又是动态的,富有变化的,闪烁不定的,让人目不暇接,眼花缭乱,就中国各大名山来说,武夷山的风光可说是绚丽多姿的典型,这里,"溪曲三三水,山环六六峰",地形本身就是富有变化的,自然光又给它一身绚丽多姿的彩衣,这就更动人了。如若泛舟九曲,只见两岸苍崖翠壁,红花耀眼,阳光下彻,金碧辉煌,仿佛进入神话般的境界。

绚丽这种美,在大自然中是非常普遍的。前人诗句中描写的:"花开红树乱莺啼,草长平湖白鹭飞。"②"接天莲叶无穷碧,

---

① 刘白羽:《长江三日》。

② 徐元杰:《湖上》。

映日荷花别样红。"①"千里莺啼绿映红，水村山郭酒旗风。"②"晴天摇动清江底，晚日浮沉急浪中。"③"白鸟朱荷引画桡，垂杨影里见红桥。"④"碧云天，黄叶地，西风紧，北雁南飞。"⑤——都是绚丽美。

绚丽给人的美感享受十分丰富。由于绚丽这种美组合的自然因素比较多，给人的感官刺激丰富而又强烈。比之对恬淡的欣赏，绚丽更富有直觉性，欣赏者一睹之下，很快就为它所吸引。一般来说，绚丽比较多地满足感官的快适，相对来说，精神性的因素相对地比较少。这种美具有最大的普遍可欣赏性。相比之下，恬淡，由于色彩单纯，给人的感官刺激不够强烈，要欣赏这种美，就需要比较丰富的情感和比较深刻的理解力。在中国古典美学中，恬淡这种美高于绚丽美，这是因为，恬淡这种美近"道"，而道是朴素的、恬淡的。

绚丽与恬淡在审美中需要互相调剂。恬淡美味太淡，不易激发审美情感，如若在欣赏绚丽后欣赏恬淡，有了一个心理反差，美感就很容易唤起了。绚丽美太浓，一味沉醉在这种美的境界中，容易感到审美疲劳，产生逆反心理。因此，在饱览了绚丽之后更需要去欣赏恬淡。

---

① 杨万里：《晓出净慈》。
② 杜牧：《江南春》。
③ 陈师道：《十七日观潮》其三。
④ 王士禛：《浣溪纱》。
⑤ 王实甫：《西厢记》。

艰险与奇特

艰险与奇特不是相对的美学范畴,而是相关的美学范畴。在自然山水美的众多形态中,它们也各自代表两种很有特色的美。

“艰险”对于山岭来说,主要表现为“险峻”。不少名山以险著称。“五岳”中,大家公认西岳华山最险。“自古华山一条路”,登山如过鬼门关。游人登到“千尺幢”已入险境。据说,唐代文学家韩愈登华山至此,既无勇气继续攀登,又无勇气就此下山,写了一封遗书投下深谷,与亲友诀别。亏得同游的官员将他救下山来,否则,许多名篇也就不能问世了。

类似华山险要的还有黄山的天都峰。既然这么险要，人们为什么还很有兴趣地去攀登呢？这是因为，险峻的高峰上，往往有在平地不能见到的奇观。宋代文学家王安石曾经慨叹：

> 古人之观于天地、山川、虫鱼、鸟兽，往往有得，以其求思之而无不在也。夫夷以近，则游者众；险以远，则至者少，而世之奇伟、瑰怪、非常之观，常在于险远，而人之所罕至焉，故非有志者不能至也。①

除了目的的吸引力外，手段也往往是欢乐的源泉。登上险峰，饱览奇景，固然给人极大的审美享受，然登山过程中对险要的征服，更令人意趣盎然。

险峰无疑对人是一种挑战，登攀就是这种挑战的应战。在登攀过程中，人的体力、智力、意志力得以充分发挥，极大地显示了人相对自然界的主体地位。登攀的成功，使人再一次意识到自我的创造力量。这种创造力量的自我意识和现实肯定，正是美感的来源。

人作为地球上的万物之灵，最富有创造力，也最富有自信心。当他们敢于面对艰险并善于征服艰险的时候，实际上是向整个自然界再次宣布他们的主体地位。我们认为，对自然山水艰险景观的欣赏，是人类利用审美的方式，证实、肯定自己主体地位的愉快尝试。

“奇特”，是最引人入胜的一种山水美形态。奇特是相对而

---

① 王安石：《游褒禅山记》。

言的,对某些人来说是奇特的景观,对另一些人也许是普通的景观,故而奇特这种景观体验与人的审美经验关系最为密切。海市蜃楼对于生活在海滨和沙漠的人来说,也许不算奇特,但对于其他地方的人来说,是奇特的。悬崖飞瀑对于生活在平原、海滨、沙漠的人来说,称得上奇特,而对于山区居民来说,则算不得什么。

“极光”对于我国绝大多数的人来说,大概是最奇特的了(只有生活在黑龙江畔的漠河人民才有幸见到它)。据说,当它出现在浩瀚的夜空之际,只见红光一闪,墨黑的天穹映出一道美丽的光束,这些光束,五彩缤纷,变幻无常,时而如锦带,时而如长虹,时而又如飞龙,更多的时候则像高悬在天空的彩色帷幕,闪烁夺目。

“佛光”也是一种不易见到的奇景。范成大说他曾在峨眉山上见到过一次佛光,其美无比。他写道:

> 有顷,大雨倾注,氛雾辟易。僧云:“洗岩雨也,佛将大现。”兜罗绵云复布岩下,纷郁而上,将至岩数丈,辄止,云平如玉地。时雨点有余飞。俯视岩腹,有大圆光偃卧平云之上,外晕三重,每重有青、黄、红、绿之色。光之正中,虚明凝湛,观者各自见其形于虚明之处,毫厘无隐,一如对镜,举手动足,影皆随形,而不见傍人。僧云:“摄身光也。”此光既没,前山风起云驰。风云之间,复出大圆相光,横亘数山,尽诸异色,合集成采,峰峦草木,皆鲜妍绚茜,不可正视。云雾既散,而此光独明,人谓之“清现”。凡佛光欲现,必先布

云，所谓“兜罗绵世界”……①

何等奇特的景观！据说，峨眉山金顶的佛光，其光环中始终只有一个人影，无论金顶上有多少人。这一个人就是观者自己，你摇头，他也摇头，你挥手，他也挥手。极光、佛光都是天象奇观。由于天象变幻无常，看到它们的机会很难得。地貌奇观与水文奇观则是比较稳定的，比较容易看到。云南路南的石林是比较突出的地貌奇观。一座座光秃秃的石头拔地而起，或似剑戟林立，或如春笋争荣，或如狮虎啸傲，或如牛羊走卧，粗犷雄伟者令人咋舌，玲珑剔透者叫人可亲，粗粗一看，杂乱无章，不成理数，细细一品，则整体一致。人游其间，迷径错杂，不辨方向。更有剑峰池一湖，恍然藏于石林之中，为奇峭峥嵘的石林增添了秀色。特别令人感兴趣的是有一座石峰，身材高挑，风姿绰约，宛似一撒尼族少女背背篓归来。人们说她就是著名的传说《阿诗玛》中阿诗玛的化身。敦煌附近有一座沙山，晴朗之日，会自动发出音响，宛若管弦鼓乐。人们称奇，名之曰“鸣沙山”。山脚有一月牙泉，水极清冽，月夜荡舟其间，划碎一湖月色。环顾四山，寂寥无人，忽而天空出现五彩缤纷的火花，恍若进入神话般的境界！

水文景观也有不少奇景。四川巫溪附近有一奇瀑。百丈高崖上，一股白花花的水流飞泻而下，落在崖下的石窠上，溅起玉珠银雾，这水雾浪花，贴着大宁河，扑向对岸。大雨如注之时，水势暴涨，巨大的水柱从崖上凌空而过，飞跨江面，人称“白龙

① 范成大：《游峨眉山记》。

过江”。

以上例子都是极为少见的奇景。有些景物各地也能见到,只是相比而言,此处的景物要特别一些。如松树,何处没有?但黄山的松树就比较奇特。人们根据其外形特点,命名为“黑虎松”、“连理松”、“麒麟松”、“凤凰松”、“迎客松”、“蒲团松”等。再如云,何处无云?但庐山、南岳、黄山的烟云就格外壮观,人称“云海”。再如山峰,何处无峰?但黄山的群峰就比较奇特,特别是北海宾馆附近的“梦笔生花”,亭亭独秀,仿佛一枝巨大的毛笔,插在大地,山顶还长了一棵松树,茂密的松针好像笔锋。更有称奇者,对面还有一峰,颇似笔架,人称笔架峰。雁荡山也向来以奇峰著称,徐霞客形容它如“芙蓉插天,片片扑人眉宇”①。

奇,是构成自然山水美的基本条件之一。奇有不同类型:有雄奇、秀奇、幽奇、旷奇、丽奇、险奇等。

奇景,最能引起人们的审美注意,而“注意”是审美的开端。

奇景,最能满足人们的好奇心,而好奇心是人们最原始的心理之一,同时也是人们创造性活动的前奏。

奇,打破了惯常的心理平庸,激发了创造与探索的欲望。正是从这个角度,我们高度评价奇景在审美上的意义,并把奇特作为自然山水美最重要的构成因素。

---

① 徐霞客:《游雁荡山日记》。

人心境界

山水美与神话

神话的写成虽然不是上古时代,但记述的却是上古时代人们的想象、情感、思索,是上古时代人们对宇宙的产生、人类的始祖等许多重大问题的看法。尽管神话在今天看来是荒诞的,但里面却有着人类发端之初的历史因子,含有科学的金粒。更重要的是,它所记载的上古人类的情感、想象是很真实的,它所包含的美学内含也许比它的科学内容更应该值得后人注意。

关于自然山水及自然山水美的产生,这方面的神话很多,说法不一。最有影响的当属盘古开天地的神话。据《艺文类聚》载:

"天地浑沌如鸡子,盘古生其中,万八千岁,天地开辟,阳清为天,阴浊为地。盘古在其中,一日九变,神于天,圣于地。天日高一丈,地日厚一丈,盘古日长一丈,如此万八千岁。天数极高,地数极深,盘古极长。"①于是有那么一天,盘古开始创造了:他吹气即为风雨,他发声即为雷霆,左眼为日,右眼为月,开目为白昼,闭目为黑夜。他死了以后,四肢五体化为四极五岳,骨节化为山林,血液化为江河,肌肉化为田土,毛发化为草木。这样,大自然就给创造出来了。

盘古是什么样子?《广博物志》说是"龙首蛇身"。中华民族的始祖伏羲、女娲等都是"蛇身",只是有的是"人首",有的是"牛首",可见"盘古"也是中华民族的始祖。据《述异记》,桂林有盘古氏庙,南海有盘古氏墓。《广博物志》说"广陵有盘古冢、庙"。可见盘古是一直受到中华民族子孙后代祭祀的。

关于天地自然的产生,也还有说法不同的神话。《神异经·东南荒经》讲了这样一个故事:

> 东南隅太荒之中,有朴父焉。夫妇并高千里,腹围自辅。天初立时,使其夫妻导开百川。懒不用意,谪之,并立东南。男露其势,女露其牝,不饮不食,不畏寒暑,唯饮天露。须黄河清,当复使其夫妇导护百川。

这故事很有意思。从这故事看,虽然天地自然不是人创造的,但自然之美却是人创造的。因为原本有的那个自然并不美,

---

① 《艺文类聚》卷一引《三五历纪》。

一片荒芜,所以天指令朴父夫妻“导护百川”。朴父夫妻那时还没有羞耻观念,所以是不穿衣裤的。故事的后半段我没有摘引,它的大意是,朴父夫妻虽经过许多努力,整治山川的工作还是没有完成,后来大禹继续他们的工作。

女娲补天也是关于山水美创造的神话。共工与颛顼争为天子,共工失败了,怒不可遏,以头撞不周之山,竟然把天柱、地维都撞坏了,天于是缺了一块,日月星辰偏向了天的一边。这天破了,倾斜了。多亏了女娲炼五彩石将破了的青天补起来了,又断鳌足将天的四极立起来了。经过这样一番修整,大自然才又变美了。

女娲可以看做上古人类的化身,也许她就是母系氏族社会的一个著名首领。炼石补天自然是美好的想象,但女娲作为氏族部落的首领带领全氏族人员开山辟石,整治山河却完全是可能存在过的史实。

昆仑山是中国神话中最著名的神山,其地位类似西方神话中的奥林匹斯山。不过昆仑山只是群神赴宴聚会之所,实际长住的只有西王母。传说西王母是玉皇大帝的妻子。

昆仑山是个怎样的山呢?《山海经》、《淮南子》、《海内十洲记》、《广博物志》、《太平御览》、《述异记》、《拾遗记》等都有不同的描绘。其中属《拾遗记》描绘得最美。综合各说,昆仑山是这样的:

昆仑山,地处西北,是天帝在下方的都城。昆仑在西海之戌地,北海之亥地,距海大约 13 万里,其周遭大约 800 里。

昆仑山有昆陵之地,高出日月,上有九层,层之间相去万里,每层均有宝物。其中第六层有五色玉树,浓阴 500 里,晚上闪烁光辉,照亮大海;第三层有禾穗,一株禾穗可装满一车;第五层有神龟,长一尺九寸,有四只翅膀,满一万岁后爬上树木居住,并能说话;第九层种有香花数百顷,有仙人在为之锄草浇水。

昆仑山上有瑶台,用玉石砌就,精巧之至。瑶台东有风云雨师阙,南有丹密云,西有螭潭,北有珍林。

昆仑山上有四水:丹水、黄水、弱水、洋水。丹水又名赤水,饮之可以不死。弱水浮力很小,连鸿毛都不能浮起。

昆仑山上奇花佳木很多。山上遍种玉桃,晶莹洞彻,用玉井泉水一洗,就软而可食。除玉桃外,还有许多奇树。珠树、玉树、璇树、不死树在山之西;沙棠、琅玕树在山之东;绛树在山之南;碧树、瑶树在山之北。

昆仑山上有许多珍禽异兽。有凤凰鸾鸟,有白色螭龙,有六首神鸟,有类虎的神兽……

昆仑山还有种种神异,不可胜数。仅就以上大致的介绍来看,我们祖先描绘的昆仑山之美既有现实之美,又有想象之美。从这我们也可看出,我们中华民族对自然美的欣赏总是与美好的生活联系在一起的。在中国人的心目中,美好的生活总是神仙的生活。

中华民族所想象的神仙生活是非常迷人的。最具民族特色又广为流传的神仙故事是牛郎织女的故事。有趣的是,生活在天上的牛郎织女其生活环境有山有水,且与地面相连。据古籍描绘:

> 昆山县东三十六里,地名黄姑。古老相传云,尝有织女牵牛星,降于此地,织女以篦划河,河水涌溢,牵牛因不

得渡。

——宋·龚明之《中吴纪闻》卷四“黄姑织女”条

旧说云:天河与海通。近世有人居海渚者,年年八月有浮槎,去来不失期。人有奇志,立飞阁于槎上,多赍粮,乘槎而去,十余日中,犹观星月日辰,自后芒芒忽忽,亦不觉昼夜。去十余日,奄至一处,有城郭状,屋舍甚严,遥望宫中多织妇。见一丈夫,牵牛渚次饮之,牵牛人乃惊问曰:“何由至此?”此人具说来意,并问此是何处。答曰:“君还至蜀郡,访严君平则知之。”竟不上岸,因还如期。后至蜀问君平,曰:“某年月日有客星犯牵牛宿。”计年月,正是此人到天河时也。

——《博物志·杂说下》

这两段故事,上段说织女牛郎住在一个名叫黄姑的地方,距昆山县36里,这仙界就在凡间了。后一段说,天上的银河与大海相通,年年八月有浮槎往来其间。有一个人决心乘槎到天上走一遭,他在空中飘了十几天,来到一座城池,看见宫中许多织布的女子。又在天河边遇见牛郎。牛郎问他为何至此。此人做了回答,并问牛郎这是什么地方。牛郎让他回蜀郡去问严君平。此人回到蜀郡后,竟然真找到了严君平。严君平说,某年某月某日有客星冲犯牵牛星。一算日子,正是此人在天河的时候。

这两段故事都很有代表性。它说明仙界与凡间其实是相通的,而且说不定仙界就在凡间。在中国,凡奇山秀水差不多都有神仙的故事。美好的自然山水就这样仙化了,也可以说,进一步美化了。

山水美与楹联

一

中国的风景名胜大多点缀着亭台楼阁、寺院道观、名陵胜墓。而这些建筑又几无一例外地或镌刻或悬挂有楹联。这些楹联用词精妙,对仗工整,是文学园林一枝风姿绰约、芳香四溢的奇葩。通常人们只是将它作为作品看,摆在案头,品赏咀嚼。殊不知,它是风景名胜美的重要组成部分。只有身临其境,在实际游览品赏风景名胜之同时,辅之以品赏楹联,方能深切领悟其妙。这妙有两个方面的意义:一是联之妙,二是景之妙。二者相互依赖,相得益彰,相互增美添辉。

游山玩水,可不能只是看山看水,这楹联是不可不赏的。比如你来到扬州瘦西湖,必定首先对"瘦西湖"这个名字感到兴趣,然而你不一定说得出它的妙处来。当你饶有兴味坐着游艇在如带的湖面游览,或在湖岸款款移步,一一拜访小金山、五亭桥、二十四桥时,那种想说些什么又说不出来的感觉在心头隐隐冲撞。此时,如若你来到瘦西湖一座凉亭略作歇憩,不经意中发现亭柱上的这样一副对联:"借得西湖一角,堪夸其瘦;移来金山半点,何惜乎小。"你定然会精神一振,那想说又说不出来的话让这对联说出来了。瘦西湖的特色的确在湖之"瘦"、山之"小"。但如果仅仅孤立地这样看,那意思是不大的。这副对联的好处是将两处著名的风景——杭州西湖和镇江金山与瘦西湖挂上钩了。原来瘦西湖之瘦只是借得西湖之"一角",小金山之小只是移得金山"半点"。看了此联,游人定然会张开想象的翅膀,想到西湖,想到金山,不自觉地将西湖之美、金山之美移到眼前的瘦西湖、小金山上,这就大大美化了瘦西湖、小金山。

二

风景名胜的楹联常有这种好处,它不仅非常精辟地点出此处风景名胜的特色、神韵,而且让人们的审美视野由此出发,从空间上、时间上作大跨步的延伸、飞跃,从而极大地丰富、深化了眼前的景观美。这里不妨再举一二例。长沙岳麓山顶有座道观名云麓宫,宫联云:

西南云气来衡岳

日夜江声下洞庭

这副对联非常有气魄，它借“云气”将岳麓山与著名的南岳衡山联系起来了，又借山下之湘江与号称“八百里洞庭”的洞庭湖联系起来了。这是空间上拓展的佳例。时间上拓展在风景名胜楹联中也多见。镇江北固山是江苏重要名胜，山上甘露寺是三国时刘备至东吴招亲处。这段既莺歌燕舞又风吼雷鸣、既祥和美妙又险象环生的历史故事脍炙人口，至今还为人乐道。又，镇江离南京不远，南京系著名的六朝之都，这段风云变幻的历史与镇江结下不解之缘，因为镇江系重要的军事要地、南京的门户。到北固山游览，在饱赏长江之雄壮、山峰之峭拔、阁楼之苍古之余，细细品味一下这样几副对联：

峰顶片石留三国

槛外长江咽六朝

溯先后三百年游踪，异代同堂，能结有情香火

冠古今第一流人物，文章事业，也如无尽江山

如何？真让人发思故之幽情！这山顶的“片石”不留着三国时人践履过或抚摸过的痕迹？风流何在？片石尚存！这一失一存，何等的惊心动魄！六朝繁华，谁人见得？也许只有长江是它永恒的见证。这“咽”道出了人们怀古抚今的悲怆。后一联也甚好。它不仅概括了“异代”、“古今”的风流事业与此座名山

的联系，而且将游客“您”也纳进去了。到此一游，品读此联，“您”不觉自己也是“第一流人物”中的一员么？

三

山水审美，层次很多，由眼前景观到想象的景观是审美的一种飞跃。这种飞跃当然是很令人惊喜的，但它主要还是在量上。另一种则是从眼前的景观到景观中甚至景观外的意蕴、哲理的飞跃。这是质的飞跃，从审美者言之，亦可说是一种精神上的深化。南朝画僧宗炳云：“圣人含道映物，贤者澄怀味像。”这“物”中之“道”、这“像”中之“味”，我们知否？对于大多数的游览者来说，可谓知之甚少。这，我们又要借助楹联了。风景名胜区的楹联不少是“澄怀味像”的佳作。作楹联者从眼前的山水、名胜引发哲理情思，腾跃千古，神游天地，同于大道。杭州上天竺的法喜寺有副楹联真是妙极了：

山中鸟语花香，活泼天机，好参妙谛

湖上风清月白，真空景象，即是如来

“山中鸟语花香”，“湖上风清月白”，是眼前之景，人人可以感受得到，但其中的“活泼天机”、“真空景象”就未必是很多人所能悟到的了。至于从此美景之中参透“妙谛”、看出“如来”，大彻大悟，更非常人所能。我在杭州工作期间，好上天竺，与其说为其景，还不如说为此联。特别是傍晚时分，游人散去，此时的法喜寺格外清静，在氤氲的香气中我流连于大殿，反复品读咀嚼这副对联，不禁悲从中来，亦喜从中来，有时竟自我感动得热泪盈眶。是时晚钟悠悠，好风送爽，红霞如火，归鸟聒噪，我自觉神超理得，以至无言。

四

山水是客观的，与山水有关的历史人物及事迹也是客观的，但是对景观的感受却是主观的，不同的人有不同的感受。在风景区游览，常见到在同一景点，镌刻有许多楹联，品论的又是同一景观或同一历史人物。如果能细心品赏，当有更多的收获，说不定自己也会引了进去，参与品论，充当一个角色。凡是遇到这样的景区，我劝游览者还是多停留一些时间，别错过这样与古人交谈、论战的好机会。在我的旅游生涯中这样的经验有过几次。一次是在浙江桐庐富春江畔的严子陵钓台。钓台自然风光诚然美妙，但其历史故事更是动人。东汉第一隐士严子陵、东汉开国皇帝刘秀都是很好的评论对象。钓台恰有许多楹联在作这种评论。详尽抄录太费篇幅，其中有这样二联倒很值得我们分析一下：

大汉千古
先生一人

钓者不在鱼也
先生其犹龙乎

前一联是歌颂严子陵的，这在关于钓台的大量诗文中可视为一个代表。后一联则不同了。“钓者不在鱼”，令人马上想到的是“钓名”、“钓誉”、“钓官”……可见严子陵是个假钓者，假隐士；马上联想到孔稚珪《北山移文》中所批评的假隐士周颙。“其犹龙”，本是孔子对老子的赞美，意谓老子学问精深，神秘莫测，犹如云中之龙。这里的“先生其犹龙乎”是反问，是说严子陵根本不是龙。刘秀认为严子陵大有学问，以空前未有的礼遇力请他出山，恐怕是看错了人，严子陵未必有真学问。这副对联不同凡俗，很有见解，立刻引起我很大的兴趣，也想发表点意见，于是我写了《春雨潇潇访钓台》一文，申诉了我的不同于这二联的自认为有些新意的观点。

五

风景名胜区的楹联大多富有审美情趣，有些还颇为幽默，如杭州南屏山白云庵有联云：“石墨一枝春，问山僧：梅子熟未？梵钟数杵晓，唤世人：尘梦醒来。”又如烟霞洞有联云：“倘他日蜡履重来，须记取山中松径；携一片红云归去，莫错认世外桃源。”这些妙趣横生的楹联为我们的旅游增添了无穷的快乐。

现在游山玩水之人大多心浮气躁，满足耳目之乐，太匆匆，又太狭隘。这实在有负于风姿万千、魅力无限的景观！我们自己的审美修养不够，何妨借他人一副锦心慧眼，观景赏联一同进行，一边观景，一边咏联。联因景其意愈显，景因联其美添辉。观景者借了人家的锦心慧眼，顿时变了个样儿：眼纳百景，胸汇万状，吞吐古今，涵盖宇宙，酌饮精华，神游物外……这正用得着

《红楼梦》中的一句诗："好风凭借力，送我上青云。""好风"者，楹联也。

朋友，观景别忘赏楹联！

山水美与音乐

那是一个春天的早晨，我来到厦门大学的海滨。晨曦初露，云雾缥缈，大海显得格外的温柔。略带咸味的海风阵阵扑来，伴和着铿锵的海浪声。海滩上只有寥寥几个游人，偌大的海滩较之往时更见辽阔、寂静。

站在海滩上，我纵目远眺茫茫的大海，心潮随着海浪鼓荡。

此时，在我耳边，不，在我心里竟隐隐地响起了印象派大师德彪西的交响乐杰作《大海》的序曲……

何等壮美，何等舒坦！

我不知朋友们是否也有这样的感觉。

通常我们只是用如画如诗来形容山水的美,殊不知山水的美也如音乐。山水美主要是视觉的美,音乐的美是听觉的美。但在审美欣赏活动中,视觉的美常常不自觉地通向听觉的美,同样,听觉的美也常常不自觉地通向视觉的美。

范成大诗云:“行入闹荷无水面,红莲沉醉白莲酣。”这开得艳丽的荷花难道会说话、会唱歌吗?怎么在范成大的耳鼓竟有“闹”的感觉?——这是视觉向听觉的转化。李颀听董大弹胡笳,诗云:“空山百鸟散还合,万里浮云阴且晴。”——这是视觉向听觉的推移。

这种现象在心理学上叫做“联觉”或“通感”。联觉在审美活动中十分重要,它大大丰富了人们的审美感受。在山水美欣赏中,由于有了联觉,这呈现在人们眼帘的山水不仅如一幅美妙的图画,而且也可以如一首美妙的乐曲。对于音乐家来说更是如此。贝多芬的一位朋友希洛塞在回忆他与贝多芬相处的日子时说道:“他那永不衰竭的创造力,来源于碧绿的青山和茂密的树林;这里正是他心中乐思滔滔汩汩的万斛源泉。”他的著名作品《第六交响曲·田园》不就是他所看到的田园美景转化来的吗?

当然,对于一般的人来说,不能像贝多芬那样,将他所看到的景色转化为美妙的乐章,但是他会想到与眼前景色相适应的歌曲。如果是一个美丽的月夜,你去杭州虎跑泉,观赏那沐浴月色的溪泉,是不是会情不自禁地想起阿炳的《二泉映月》,如果你熟悉它的曲调,耳畔是不是会响起它如泣如诉的旋律?

其实,会赏景者总是自觉或不自觉地调动他的全部感官去欣赏自然的美。他也许不一定想起某一首与眼前山水相一致的名曲，但他仍然可以产生某种类似听音乐的感觉。在沙漠戈壁上旅行，那茫茫的黄沙、卵石，那负重的驼群、马帮，还有那血红的落日，是那么强烈地叩击你的心弦，使你心中不期然地回升起一种昂然悲壮的乐曲来。它不是哪位音乐家的作品，而就是你自己的作品。你就是音乐家。

也许这宇宙原本就是既由色彩、形体，也由乐音、和声所构成的。中世纪的神学家塞维拉狄伊思托说，人们应该相信，没有什么能离开音乐而生存，连宇宙本身也是由音乐的和谐衔接而成，各种天体是在和谐的乐音中旋转的。古希腊的哲学家毕达哥拉斯认为整个宇宙是用数构成的，而音乐就是数。音乐的和谐与宇宙的和谐就是数的和谐。

也许人天然地具有音乐家的气质，他总是自觉或不自觉地把他所感受到的、所激动过的、所思考过的化为音乐。

这就难怪，许多音乐大师是那样热衷于将美丽的自然景色作为音乐的表现对象。在维也纳的郊外，有一片美丽的森林，那是当年居住在维也纳的音乐家们特别喜欢去游览的地方。圆舞曲大王约翰·施特劳斯的《维也纳森林的故事》就是在这座大森林中获得灵感的。美国作曲家费尔德·格罗菲是个出色的导游，他的交响组曲《大峡谷》正是他游览了世界名胜——美国亚利桑那州科罗拉多大峡谷后写成的。

在音乐中徜徉大自然，在大自然中欣赏音乐。这，真是人生一大乐事。

风景与风水

青鸟殷勤为探看

在中国的神秘文化中，风水与占筮堪称两翼。

风水与占筮有一个共同的源头——《周易》。《周易》中的卦，每卦六爻，上两爻为天，下两爻为地，中两爻为人，合为天、地、人"三才"。三才中，人居中，这很耐人寻味。从直观来看，人的确是头顶青天，脚踩大地；而从逻辑言之，这是以人为中心的主体哲学。风水与占筮就是分别讲人与地、人与天的关系的。

占筮讲人与天通，它的做法是借助于一种神秘的方法（或易占，或星占，或梦占，或测字，或扶乩，或排四柱），获得关于人事前途命运的信息；而风水则是讲人与地通，它的做法是根据某种理论或为活人选择最好的居住环境，或为死人寻找最好的墓地，据说这样可以为活人乃至后代子孙带来许多吉祥幸福。

相比而言，占筮侧重于知，由于命运是预定的，人能做的，主要是避凶趋吉或逢凶化吉；风水则侧重于做。由于地理可以选择，人倒是有一定的主动权，相比而言，占筮要消极些，风水要积极些。

风水作为中国古代的相地术，得名于东晋术士郭璞的《葬经》。此书云："气乘风则散，界水而止。古人聚之使不散，行之使有止，故谓之风水。"巧得很，《周易》中有个涣卦，上为巽，巽为风；下为坎，坎为水。《象传》解释涣卦云："风行水上。"好个"风行水上"！那不是大吉大利吗？风水名称的来历是不是与这涣卦有些关系？我想也可能。风水倒过来为水风，上为坎，下为巽，合起来则为井卦，谓之"水风井"。长沙有个地名叫水风井，我以前在长沙工作时，住的地方离它很近，每次经过它时，总有一股温馨感。井，是个很好的东西。它让人联想到生命、幸福、甜蜜。

风水又称堪舆。《淮南子·天文训》云："堪舆徐行，雄以音知雌。"东汉文字学家许慎注释："堪，天道；舆，地道也。"这样说来，堪舆是研究天道与地道的学问了。可实际上，堪舆研究的是地道，当然，研究地道必然涉及天道。

风水又称为地理，其依据是《周易·系辞传》云："仰以观天文，俯以察地理。"值得指出的是这里说的地理，跟我们今天说

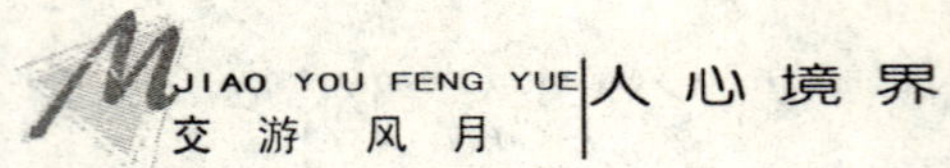

的地理学有些不同。风水说的地之理，主要是阴阳之理。阴阳之理往上涉及气，与生命之精、宇宙之本相关；往下涉及山水的形貌、走势、方向及其组合。讲究就多了。

风水还有三个很别致的名字——青乌术、青鸟术、青囊术。

青乌术来自《轩辕本记》："黄帝始划野分州，有青乌子善相地理，帝问之以制经。"据《旧唐书》记载，还有以"青乌子"为名的风水书。清代乾隆时编撰的《四库全书》总目提要中还特意提到"青乌先生葬经"。不过，青乌先生写的葬经早已亡佚，青乌先生到底何许人也，亦不可知。

青鸟术是不是青乌术之误，不得确知。青鸟在中国古代神话中倒是常出现的。据《山海经》，青鸟是黄帝与西王母的使臣。李商隐诗云："蓬莱此去无多路，青鸟殷勤为探看。"青鸟既然能充当这样的使命，人们将相地术托名于青鸟术也就完全可以理解了。人们不就希望风水先生亦如青鸟能给自己带来幸福吗？

青囊术来自相地书《青囊经》，据晋书记载，郭璞从河东一个姓郭的人手中获得《青囊经》九卷，于是就学会了相地术。后来，郭璞的门人赵载偷得此书。可惜来不及读，就让火给烧了。

风水分为阳宅风水与阴宅风水，阳宅风水讲如何选择居住地，阴宅风水讲如何选择墓地。两者其实相通处很多，基本原理一样。认真地研究风水的内容，迷信与科学兼而有之。从科学角度言之，它是中国最古老的建筑环境学、风景美学的萌芽。从迷信角度言之，它是中国古老的巫术文化的遗绪。而在哲学思想上，它是中国古老的"天人合一"观在地理学上的集中体现。

中国最古老的诗歌集《诗经》中有相地的记载。《诗经·公刘》详细地描述周人的祖先公刘率众迁居豳地的史实。公刘为什么选择豳这块地方呢？诗是这样写的：

笃公刘，于胥斯原。既庶既繁，既顺迺宣，而无永叹。陟则在巘，复降在原，何以舟之？玉王及瑶……

笃公刘，逝彼百泉，瞻彼溥原；迺陟南岗，乃觏于京。京师之野，于时处处，于时庐旅……

笃公刘，既溥既长，既景乃冈，相其阴阳，观其流泉，其军三单，度其湿原……

从以上摘引来看，公刘择地，注意到了这样几个方面：一、根据地的向阳向阴，辨别地气的冷暖，选择温暖的地方居住；二、根据地势的高低，选择干燥平坦的地方居住；三、根据山林情况选择靠山的地方居住。从《公刘》一诗的描绘来看，公刘择地既考虑到了实用价值又考虑到了审美价值。这些考虑可以视为中国风水学的萌芽。

风水学择地，虽然看起来很神秘，其实不外乎两个东西：一是实用，二是美观。二者在风水学上是统一的。只要到通常视为风水好的地方去看看，不难发现，所谓风水好，好就好在对人的生存有利，对事业的发展有利，对审美的观赏有利。这三者缺一不可。

中国人的哲学是面向未来的。为了今后的幸福，也为了子孙后代的幸福，甚至为了那不可知的来世的幸福，中国人调动了一切办法，甚至包括相地这样的办法，来为自己以及死去的亲人寻找一个合适的落脚之地。“蓬莱此去无多路，青鸟殷勤为探看。"那用来指称相地术的青鸟是幸福之鸟、吉祥之鸟，为了寻找到蓬莱仙境，它不知疲倦地探看着、寻找着。

识势辨形觅真龙

风水中，谈得最多也最有趣的倒不是水，而是山。这也难怪，人与山有着天然的联系，人类的祖先原不都是生活在山林中的么？人对山有种天然的亲和性。这也许是风水学喜欢谈山的重要原因吧。

风水学上谈山，重视山的连绵性，也就是山脉。山脉在风水学上称为龙脉。这个比喻是中国文化的一个重要创造。从外部形态来看，山雄峙大地，或逶迤腾踔，或虬结盘旋，或昂首天外，或驯伏平岗……形态生动，气势磅礴，变化万端，与中国神话传说中的龙确有某种相似之处。另外，龙是中华民族的象征。中国人自古以来就被称为龙的传人，将山脉说成是龙脉，也表现了中国哲学那种崇敬自然的传统。这样，绵亘在中国大地的山脉被中国人赋予了始祖的神秘含义。

在崇拜自然这一传统的哲学下，中国传统的风水学与美学是合一的。

细检风水学中有关龙脉的理论，我们惊喜地发现，大凡能给人带来吉祥幸福的山脉即所谓真龙、生龙都堪称美丽的山，而风水学上予以摈弃的山即所谓死龙、病龙则大多是没有生气的秃山，丑陋的山。

龙脉理论大而言之，一是讲气，二是讲脉，三是讲形。这三者的结合是有机的结合。

气在风水学上十分重要。郭璞的《葬书》第一句话就是:“葬者,乘生气也。”《吕氏春秋》云:“生气方盛,阳气发泄。”中国哲学是很看重生命的,在某种意义上,中国哲学可以说是生命哲学。中国哲学中的范畴如“阴阳”、“道”、“太极”、“气”都与生命有关。在中国人看来,天地万物无不具有生命,人只不过是毓天地之灵气、集日月之精华的最高生命罢了。生气是肉眼看不见的,但它充溢于天地万物之中,人们可以从天地万物之表去感受它的存在。《葬书》云:“丘垅之骨,冈阜之支,气之所随。”按照风水理论,地里面的气可以达之埋于此地的尸骨,再由尸骨感染到活着的亲人,所谓“气感而应鬼福及人”。自然,这种说法是迷信的。我们暂且不去说它,但是,就美学上来讲,其中却有一些值得重视的理论内涵。自然美很大程度上来自自然的生气,亦即那种生命精神。自然物有两类:一类是有机物,一类是无机物。无机物是没有生命的,即便它也可以有生气。这种生气是人从中感受出来的,说是移情也好,说是联想也好,反正无机界是可以让人感受到一种类似生命的生机的。当然,不同的无机物,或者说无机物不同的形貌,让人感受到的生气不同。青山绿水,让人感到生意盎然;秃山死水,则让人感到死气沉沉。任何人都会懂得,青山绿水,美;秃山死水,丑。按美丑的观点去看风水的好坏,八九不离十。

还是回到龙脉,风水学认为,生气是判别龙脉的重要尺度。但是,生气不可见,如何去判别生气的有无、多少呢?这就要看“势”、看“形”了。《葬书》云:“土形气行,物因以生。夫气行乎地中,其行也,因地之势;其聚也,因势之止。葬者,原其起,乘其止。”这话的意思是说,土有形,气依附于土而行。气在土中运行，依地之势。考察阴宅风水，也就不能不考察地势之起源和终止。风水学以昆仑山为中国山龙脉的始祖，由昆仑山分而为四支。北由西藏高原北行，循阿尔泰山山脉、兴安岭山脉，直达东北，这叫“北龙”。“中龙”有二：其一为祁连山山脉、贺兰山脉、阴山山脉、太行山脉，沿黄河流域抵黄海；其二为巴颜喀拉山脉、雪山山脉、大巴山脉以及大别山沿长江流域直抵东海。“南龙”则自喜马拉雅山脉，经五岭山脉再分两支：一支往南直循粤江达南海，一支往东循武夷山脉过海峡，直达台湾。

山势注重远来的脉络、气概，山形则注重近处的形状、象征。看风水须把势与形结合起来。《葬书》云：“千尺为势，百尺为形。势来形止，是谓全气。全气之地，当葬其止。”一般来说，势侧重于内在气概，是形之神；而形则侧重于外在形状，是势之貌。势是动，形是静，二者结合在一起，则称为“全气”了。

山之形势何者为吉，何者为凶，风水学上的看法与美学上的看法基本上相通。当人们用美学观点欣赏山水时总是喜欢将其拟人化或拟物化。在中国古代的词人中辛弃疾可谓头号山水情种，他晚年徜徉于江南秀山丽水之中，偕青山为侣，与鸥鸟结盟，共长松起舞。在他看来，“女无悦己，谁适为容？”（《醉翁操》），那么，同样，“我见青山多妩媚，料青山见我应如是”（《贺新郎》）。

风水学也是这样，常根据山脉的形状与气势，将其拟人化或拟物化。《博山篇》云：

> 汝见龙形，当知穴形，莫待临穴，乃尔失真。有飞龙的龙，蟠龙的龙，舞凤的龙，踞虎的龙，奔马的龙，游蛇的龙，平

冈的龙,嵯峨的龙,尖射的龙,乱杂的龙,孤秀的龙,凡十一样,相穴状可知。或结禁龙,或结蛟龙,或结鸾凤,或结狮象,或结马蛇,或结弓剑,或结星月……

风水学讲龙脉,根据山岭所体现的生机不同将其分成生、死、强、弱、顺、逆、进、退、福、劫、病、杀等不同的名目。凡山岭起伏绵延,气势贯通,称之为"生龙";反之,山势断绝,了无生气,则称之为"死龙"。山岭层峦叠嶂、气象万千或如苍龙出海或如猛虎下山则谓之"强龙";反之,山形瘦削、岩石裸露则谓之"弱龙"。山岭无起伏盘旋之状、气息奄奄的则谓之"病龙"……如此来辨龙脉,定吉凶,当然不够科学,但这样来看山岭的美,倒是可取的。人们欣赏山水不是喜欢将其比拟成人物或动物么?这实际上是从无机物看出类似人的生命的生机来,在审美理论看来,审美就是对人的生命包括生命意义的一种感性的肯定。

中国传统文化是以伦理学为中心的,因此风水理论也受到伦理学的影响。风水学上谈得很多的"四象"说就有明显的封建意识。《葬书》说:

夫葬以左为青龙,右为白虎,前为朱雀,后为玄武。玄武垂头,朱雀翔舞,青龙蜿蜒,白虎驯頫,形势反此,法当破死,故虎蹲谓之衔尸,龙踞谓之嫉生,玄武不垂者拒尸,朱雀不舞者腾去。

天光发新,朝海拱辰,龙虎抱卫,主客相迎,四势端明,五害不亲。

应该说,这里也有合理的地方。主辅关系很清楚,四象中,朱雀与青龙是最富有生气的,相对来说,白虎与玄武,就要有所收敛。这样,构成对比,显示出活力,符合中国哲学“一阴一阳”的道理。不过,“四象”说透出浓郁的封建等级意识。在《葬书》看来,所谓吉地,好比天上有日月照耀,地上有万川朝宗,左有青龙盘踞,右有白虎拱卫。主人端坐正中,四方客人纷纷来朝见。这里,不是分明有一个皇帝存在么?本来还有些科学意义的风水学走向陈腐的封建伦理学,就走向荒谬了,惜乎哉!

美不自美,因人而彰

"美不自美,因人而彰"①是柳宗元提出的一个重要的观点,这一观点道出了自然山水美的奥秘。

自然山水是自然本身造就的。虽然人也能造一座山,掘一条河,但毕竟是有限的,与大自然的丰功伟绩相比,简直微不足道。

既如此,能不能说,自然山水美也是自然本身的力量造成的呢?不能这样说,自然山水与自然山水美是两个不同的概念。自然山水可以脱离人而独立存在,而自然山水美却

① 柳宗元:《邕州柳中丞作马退山茅亭记》。

不可以。

首先，自然山水美是人所发现的，没有人，没有人的发现，也就没有自然山水的美。

明代的大学者王阳明曾经有这样一次有趣的经历：

> 先生游南镇，一友指岩中花树问曰："天下无心外之物，如此花树在深山自开自落，于我心亦何关？"先生曰："你未看此花时，此花与汝同归于寂，你来看此花时，则此花一时明白起来，便知此花不在你的心外。"①

王阳明并不否定花树的存在。花树是一回事，花树的美是另一回事。花树在深山老林自开自落，这是客观存在，与人可以无关，但它是不是美的呢？无法说。王阳明说，"你来看此花时，则此花一时明白起来"。这"明白"的意思是放光辉，也就是美，这美与看大有关系。不看怎么感受到美呢？没有看过大海的人，你问他大海存在吗？他可以说，存在；然而你问他大海美吗？他无法说。在人类的诸多价值中，美这一价值很特别，美是不能离开感受的。说美与人有关，不只是说美的价值是人类的价值之一，还要说美是离不开个体的感受的。

值得我们进一步探讨的，通常别人认为美的事物，你来看，未必能感受到美。这里原因很多，其中首要一条，是你当时有没有审美需要，由此决定你对物有没有一个审美的态度。

人难道没有审美需要吗？人当然有审美需要，正如人有吃

---

① 王阳明：《传习录·下》。

食物的需要一样。但人是不是所有的时候都想吃食物？不是的，审美也如此。有了审美的需要，就有审美态度了。马克思说，矿物商人看不到矿物的美。为什么？他们的功利性太强，矿物在他们的心中是一堆金钱，哪还有美的存在？

审美态度是审美发现的重要前提，不过，也不是惟一的，还需要审美能力。有审美态度，如果没有审美能力，再好的美也不能发现。也正如马克思说的，对于非音乐的耳朵，音乐不是对象。对于审美能力高的人来说，即使是平凡的风景，他们也能感受到美。法国雕塑家罗丹说得好，大自然并不缺少美，缺少的是发现。这发现是以审美需要与审美能力做保障的。

艺术需要知音，自然也需要知音！

自然山水是客观的，不同的人却有不同的发现。从柳宗元的“永州八记”中我们发现，在柳宗元笔下，小石潭、钴母潭的景观呈现出一种特别的清幽、高洁、灵透的境界。这境界是自然本身所固有吗？是，又不是。它是柳宗元的襟怀、情感与自然物的形态共同创造的。

审美的活动是一种强烈的情感活动，“登山则情满于山，观海则意溢于海。”①一方面，一定的景物影响心情；另一方面，一定的情感则影响景观。情随物发，景随情变。情往似赠，兴来如答。自然山水美就在这样一种情感的赠答中形成了。在自然山水美的形成中，人的情感的作用无疑是十分重要的，而人类的情感活动，从来不是孤立的、纯粹的，它总潜在着一定的理。因此可以说是人类的情感与理智相融合的情思选择了相应的自然物

---

① 刘勰：《文心雕龙》。

并参与创造自然山水的美。

试比较下列所引的三首山水诗，也许能帮助我们理解情思在自然山水美创造中的重要作用。这三首诗分别出自王维、黄庭坚、曹操。

不知香积寺，数里入云峰。
古木无人径，深山何处钟？
泉声咽危石，日色冷青松，
薄暮空潭曲，安禅制毒龙。

——王维《过香积寺》

痴儿了却公家事，快阁东西倚晚晴。
落木千山天远大，澄江一道月分明。
朱弦已为佳人绝，青眼聊因美酒横。
万里归船弄长笛，此心吾与白鸥盟。

——黄庭坚《登快阁》

东临碣石，以观沧海。
水何澹澹，山岛竦峙。
树木丛生，百草丰茂。
秋风萧瑟，洪波涌起。
日月之行，若出其中；
星汉灿烂，若出其里。
幸甚至哉，歌以咏志。

——曹操《观沧海》

三首诗表现了三种不同的情感倾向:王维的孤寂,黄庭坚的旷达,曹操的豪壮。一样的寄情于山水,王维偏爱的是幽静,黄庭坚醉心的是清丽,曹操喜欢的是雄伟,这里潜在的是三种不同的人生态度。王维的是:脱离尘俗,躲进禅境以求自安;黄庭坚的是:摆脱公务,纵情山水以求自娱;曹操的是:建功立勋,旋转乾坤,以图大业。三种情感态度体现了三种不同的人生观、三种不同的理智活动。

山水美欣赏中有没有意志活动?也是有的。不过,这种意志活动是融合在情感活动之中的。毛泽东欣赏北国的雪原,写下这样雄壮的词篇,抒发自己的情感:

> 北国风光,千里冰封,万里雪飘。望长城内外,惟余莽莽;大河上下,顿失滔滔。山舞银蛇,原驰蜡象,欲与天公试比高。须晴日,看红装素裹,分外妖娆。
>
> 江山如此多娇,引无数英雄竞折腰。惜秦皇汉武,略输文采;唐宗宋祖,稍逊风骚。一代天骄,成吉思汗,只识弯弓射大雕。俱往矣,数风流人物,还看今朝。

何等瑰丽的北国风光,何等奇异的冰封雪飘。这种北国冬天的壮美,是自然界固有的吗?显然不是,它是毛泽东的创造,毛泽东心灵的创造。

清代学者李渔说得好:“才情者,人心之山水;山水者,天地之才情。”①

一片情思就是一片风景!

---

① 李渔:《笠翁文集·梁冶湄明府西湖垂钓图赞》。

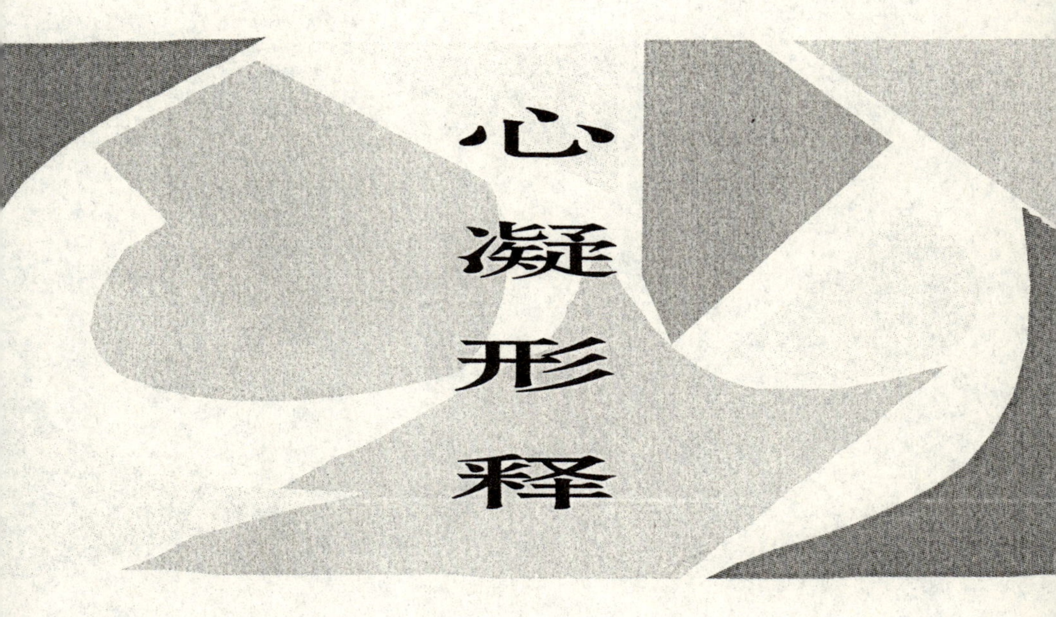

心凝形释

解放感觉(上)

一

我们的感觉世界是何等丰富！春天的凌晨，当大地还在黑纱笼罩着的时候，你可隐隐地看见天边一缕白亮的晨曦。浅浅的寒凉，轻柔地抚摸着你温暖的面颊，冷热交融，痒酥酥的，别有一种滋味；湿润清新的空气，丝丝地吸入你的鼻子，其中夹着不知名的淡淡的花香。布谷鸟的鸣叫，从山林一声声传来，直冲你的耳鼓。这个时候，也许你妻子已为你煮好了咖啡，正等待着你去品尝。

是的,我们每天都这样地感受这个世界,然而你是否理会到你是在感受着美,欣赏着美?

真应该感谢上帝,对人类如此青睐,他让我们的外部身体都是感觉。这样,我们就可以全方位地感受着、欣赏着宇宙的精彩与神秘!

二

人总是喜欢将自己看成是理性的存在物,以见出比别的生灵高明,其实,人首先是感性的存在物。这一点,马克思早就指出过。他说:"人作为对象性的、感性的存在物,是一个受动的存在物。"①说人是感性的存在物,首先,就是肯定人的感觉的重要性。人与外界建立关系,首先靠的就是感觉,而且"人只有凭借现实的、感性的对象才能表现自己的生命"。②

人的生命首先是感性的,感性,是人的生命的支点。人的生命的一切养分均来自人的感性活动,没有感性,就没有人的物质生活,包括吃、穿、住、行,也没有人的精神生活,包括艺术创作与欣赏、科学研究、哲学思辨等活动。

虽然人的一切活动都出于感性,但自始至终不离感性的活动只有审美。事情就是这样不可思议,审美作为人的本性之一,它一头连着人的最低的最具自然性的生活,一头连着人的最高

---

① [德]马克思:《1844 年经济学哲学手稿》,《马克思恩格斯全集》第 42 卷,人民出版社 1979 年版,第 169 页。

② [德]马克思:《1844 年经济学哲学手稿》,《马克思恩格斯全集》第 42 卷,人民出版社 1979 年版,第 168 页。

的最具精神性的生活。这一低一高的贯穿，不是别的，正是感觉。

三

感觉的功能当然首先是反映，它将自然界的美摄入脑海，但是，这种摄入是有选择的，它只选取对我们身体有益的刺激，我们也只对这部分刺激产生美感。就视觉来说，我们的眼只适宜看 760 毫微米到 400 毫微米之间的光波，在这个范围内，我们可以见到的光谱是红、橙、黄、绿、青、蓝、紫。只有这些色彩和由它们组合的色彩才能引起我们的美感，而超出人们视觉能力的紫外线、红外线，都不具有美感性质。

听觉也是有范围的。"在我们年轻、体力达到巅峰的时期，耳朵可以听到每秒 16 至 20 000 周波的频率——几乎是 10 个音阶，其中包括许多的声音。中央 C 每秒只有 256 周波，而人类声音主要频率则在每秒 100 周波（男性）和 150 周波（女性）之间。随着我们年纪增长，鼓膜增厚，高频率的声音就不那么容易顺着耳骨通过"①。我们讨厌噪声，就在于噪声的频率是我们的耳鼓不能适应的；我们也不能听到太低频率的声音，否则就是我们自己身体发出的声音也足以让我们震耳欲聋。

大自然的美首先就在我们的感觉能力与它的性质相统一的那部分。

当然，感觉与刺激的相适应，说的是一个范围，不是非得最

① 艾黛编译：《感觉之美》，民族出版社 1999 年版，第 81～82 页。

佳。有时,刺激与感觉存在一些矛盾,倒反能产生特别的美感。晨曦、月夜、暮霭也许不是视觉最佳的刺激,但造就的却是最佳的景观。声音也是如此,特别是在春夜,听大地、天空、夜雾中发出的不知是什么的轻微的声音:虫声?风声?人声?夜游物的走动声……你会感到一种莫名的恐惧和喜悦。人对感觉的调控,使人总是处于一种主体的欣赏者的地位。这一点特别重要。

四

任何感觉都不只是感觉,它是人的整个心灵的折射,是情感、思想的凝聚。读读列维坦的名作《春——春潮》,这是一幅风景画。画面主体是稀疏的白桦树树林,因是早春,树干没有树叶,但笔直地伸向天空,体现出蓬勃的生意。地面春汛泛滥,意味着大地苏醒,画面近处有一只小船,远处有农舍。这幅画,让我们隐隐地感受到画家对生活的热爱,对春潮快要到来的喜悦与期盼。

列维坦的另一幅作品《弗拉基米尔之路》,画的是辽阔的俄罗斯原野,时令也许是深冬,低垂的深灰色的云层,给人沉重之感。一条被驿车碾压出条条车辙的大道通向远方,消失在地平线上。这是一条沙皇流放进步知识分子去西伯利亚服苦役之路啊!难怪作品展出后许多爱国之士为之潸然泪下。

正是因为感觉是情感、思想的凝聚,所以可以说感觉也就是文化。不同的审美者有不同的感觉,归根结底是因为有不同的文化。文化是可以分为很多层次的,民族的、宗教的、阶级的、职业的、性别的、年龄的,还有更重要的是个人的。

听说毛泽东老年喜欢读张元干的《送胡邦衡待制赴新州》。张元干是南宋爱国词人,他的这首词是送给胡邦衡即胡铨的。胡铨因上书请斩卖国贼秦桧而获罪流放新州。张元干悲愤填膺,写道:

梦绕神州路。怅秋风,连营画角,故宫离黍。底事昆仑倾砥柱,九地黄流乱注?聚万落千村狐兔。天意从来高难问,况人情老易悲难诉。更南浦,送君去! 凉生岸柳催残暑。耿斜河,疏星淡月,断云微度。万里江山知何处?回首对床夜语。雁不到,书成谁与?目断青天怀今古,肯儿曹恩怨相尔汝?举大白,听《金缕》。

张元干写了中原景象。在他的想象中,"连营画角,故宫离黍"——何等荒凉、残破!对此,他惆怅,痛苦,悲伤,然又无可奈何。皇帝怕死,奸臣当道,复国无望,张元干只能仰问青天,然"天意从来高难问,况人情老易悲难诉"。夜深人静之际,他眺望长天,银汉倾斜,疏星淡月,断云微度,不禁发出"万里江山知何处"的长叹。这首词中的景象充溢着爱国的情怀,沉雄而又顿挫,悲愤而又高亢。

人生多感慨。虽然一般旅游者未必能像张元干一样,将审美感知与时事政治联系起来,但是喜欢什么景物,在景物中见出什么情怀总是与自己的遭际密切相关的。南宋词人刘过有首《唐多令》,写自己两次过武昌南楼的感觉,词云:

芦叶满汀洲,寒沙带浅流。二十年,重过南楼。柳下系舟犹未稳，能几日，又中秋。　　黄鹤断矶头，故人今在否？旧江山，浑是新愁。欲买桂花同载酒，终不是，少年游。

这里，也有家国之恨，但它展开一个过程，将二十年前与二十年后对南楼的感受进行对比。是的，即便是“欲买桂花同载酒”，也“终不是，少年游”了。

正因为感觉里潜藏着丰富的情感、意识，而人的情感总有相通之处，所以尽管所面对的具体事件有异，景物有异，也就是说感觉可能有异，但情感却可以相通。在中南海的毛泽东对于他发动的这场持续近十年的“文化大革命”也甚为困惑了，而多病的他也无力挽救这个局面，所以张元干的“天意从来高难问，况人情老易悲难诉”就强烈地触动他的情怀了。

五

人对美的感觉也有敏感迟钝之分。经常看一种景物，哪怕是天下绝景，看多了，看久了，也会感到厌倦，而新鲜的景物，哪怕是普通平常的景物也能给人以一种美的冲击。城里人哪怕是到郊区的农村走走，都感到特别的新鲜，特别的美，而当地的农民却没有这种感觉。有首古诗写道：

侬家住在西湖东，
十二珠帘夕照红。
今日忽从江上望，
始知家在画图中。

这位女子长年住在美丽的西湖,却感受不到西湖的美,这是因为她对西湖的审美感觉迟钝了,而当离家一段时间后,那迟钝了的审美感觉恢复了敏感,所以“始知家在画图中”。正如饮食需要调节一样,审美的感觉也是需要经常调节的。这种调节是为了让审美的感觉经常地保持锐敏。

感觉作为生命的触须,是生命最为敏感的部分。而审美又最见出这种敏感。其实人的年轻与否不在于实际的年龄,而在于他的感觉。敏锐的感觉是生命力旺盛的表现,衰老首先出现在感觉上,因此,经常去大自然走走,不是常去一处风景区,而是各种风景区轮流着去欣赏,这对于保持感觉锐敏是非常有必要的。

在马来西亚著名的尼亚古洞,我遇到一位满头银丝的欧洲游客,老人目光炯炯,腰板挺直,背着硕大的旅行包,行进在风雨中。我问老人多大岁数了。老人笑着要我猜,我说五十多吧。老人朗声大笑,说,七十多了。我问老人健康的秘诀。老人说,让感觉永远年轻。

说得真好:让感觉永远年轻!

解放感觉(下)

一

人们总是认为,动物的一切活动都出于一种功利性的本能,其实,动物的感觉也未必都是功利性的。有动物学家试验,把一顶白色的小羽冠戴在雄性的斑马雀的头上,它会受到雌斑马雀的欢迎。这种喜好,找不出功利上的原因①。那么,这种感觉属于什么呢?

① 参见[美]纳塔莉·安吉尔:《野兽之美》时事出版社 1997 年版,第 60 页。

是本能性的生理性行为,还是具有某种精神性的审美萌芽?

二

19世纪英国美学家罗斯金说:“我从来没有看过一座希腊女神的雕像,有一位血色鲜丽的英国姑娘一半美。”①这个说法遭到很多美学家的反对,说他将快感当成美感了。其实,问题不是这样简单,罗斯金混淆了两种美——现实中的人体美与艺术中的人体美。这两种美是不同的,不能相互代替。对希腊雕像的审美需要感觉,但这感觉更多地通向其深层的文化意蕴,并不在感觉自身,就是感觉,也主要是视觉。而对活生生的英国姑娘的欣赏,既然强调她血色鲜丽,其感觉的生理性就占有重要地位了,而且不止用得上视觉,还用得上触觉、嗅觉,可以说感觉是全方位的。因为只有这样,你才能真切地感受到这位血色鲜丽的英国姑娘的真实存在,感受到她的生命,她生命的美。

只有用真实的生命才能感受真实的生命,只有用全部的生命才能感受全部的生命。

三

美学家们执意要将审美看成人的专利品,特别看重感觉的文化性。其实,审美感觉的生物性或者说生理性的一面也非常

① 转引自朱光潜《朱光潜美学文集》第1卷,上海文艺出版社1982年版,第74页。

重要,解放感觉不仅是解放感觉的文化性,也包含解放感觉的生理性。夏日,当你品尝到冰凉的山泉时,那种清凉感不使你遍体通泰么?“冰肌玉骨,自清凉无汗。”“客去茶香余舌本”,这种快感为什么不能看成是美感的享受呢?康德说,这只是快适,快适是不能称为美感的。其实,快适正是美感的基础。没有快适,何来美感?肚子饿得慌慌的,哪还有美食存在?而美食离开可口,哪怕这道美食再具有哲学的意义,怕也不能称之为美的。

四

面对自然山水美,各种感觉都要彻底解放,不只是视觉,还有听觉、嗅觉、触觉、味觉。

在人的诸多感觉中,眼睛是我们感受大自然美的最主要的工具。我们可曾让自己的眼睛仔细地品赏过大自然的美?那种色彩绚丽的宏大场面,多么具有视觉的冲击力!平常,我们是不能仰望太阳的,然而,当天空弥漫一层轻纱般的薄雾时,太阳强烈的光芒给削弱了,变柔了,我们终于可以一睹太阳的风采了。这时,我们才发现,那太阳是多么的圆,多么的红,多么的亮,又多么的可敬、可爱、可亲。也许,很多人都看过这种壮观的景象,我不知别人的感觉如何,在我,每遇到这样的机会,总认为是上帝特别的恩宠,因而总是满怀圣洁之情,默默地向太阳发出无言的礼赞。

绚丽的宏大的景观诚然是动人心魄的,但是我们的视觉也能从那些大自然的精微之处见出美妙与神秘。你仔细观看过平静湖面上的波纹吗?一圈一圈地闪着光,没有重复,没有完满,就这样不停地闪动着，闪动着，那是何等的神秘与有趣，我觉得那是大自然在向我发出一种友善的微笑。

五

在对大自然的审美中，我们可曾充分解放过我们的听觉、嗅觉、触觉、味觉？

听觉在所有的感觉中最通向人的情感深处，也最具哲学意味。当我在茫茫的沙漠行进之时，我在倾听，那沙漠的深处，似乎有种生命的呼喊，那样微弱，又是那样顽强。当我在婆罗洲的热带雨林中探险时，我在倾听，那雨林中各种莫明其妙的声音，是那样的恐怖，又是那样的令我惊喜。在日本的富士山游览恰逢大雾，什么也看不清楚，浓重的雾霭中，只有影影绰绰的山林，无奈，我只有倾听，我似听见密林中秋虫的鸣叫，听见地层深处火山的咆哮。我在芬兰参加过一个名之曰“Darkness”的实验。漆黑的夜晚，伸手不见五指，我的眼睛根本无法发挥作用，我只能倾听，我听到了各种声音，有人籁，还有地籁、天籁。

美国作曲家约翰·凯其说，没有所谓寂静的状态，纵使我们听不见世界的声音，依然可以听到体内的沙沙声、悸动声、嘶嘶声以及偶尔发出的铃铃声和吱吱声。大自然的声音在我们的脑海里，都可以转化为美妙的音乐。

你有这种感觉吗？如果没有，请学会倾听。

六

嗅觉的美感同样是不可忽视的。人的鼻子是伟大的感觉器官，它让我们品赏各种不同的气味，而大自然是无数气味之源。到森林里去吧，不仅花香让你陶醉，就是那清新洁净的空气也足以使你神清气爽。喜欢芳香是人类共同的感觉。据说著名国际影星玛丽莲·梦露一天要用好几种不同的香水。比如她喜欢用的香奈儿五号出产于1922年，是当时最受女性青睐的香水。在闻香这桩事情上，趣闻、佳话最多。据说在英国伊丽莎白时期，情人喜欢交换“爱情苹果”。所谓爱情苹果，就是情人将苹果置于腋下，让体香将其浸透，然后给情人去闻。

你知道失去嗅觉功能是何等痛苦吗？又知道恢复嗅觉功能是多么高兴吗？美国《新闻周刊》1988年曾报道过一个这样的故事。故事中的女子因病失去了嗅觉，她悲叹自己的残废，而当她病愈突然闻到丈夫的气味时，兴奋得倒在她丈夫身上，满是泪水。她不断地嗅他，无法停止。

七

触觉在实际生活中可以说是最动情的感觉了，然而它在艺术品的欣赏中少有，主要原因在于它可能损坏艺术品，而在对大自然的审美中，触觉却是不可少的。在欧洲我参加的一次国际性的触觉美感试验中，要求所有的人都赤脚。当我们的脚板与大地接触时，那种痒酥酥的感觉是难以形容的。人类出于保护脚板的需要，穿上鞋，这当然是必要的，但是也失去了一份美感。也就在这次触觉美感的试验中，我们赤着脚去爬山，那种感觉的确不同。大地是我们的母亲，当我们用天足行走时，是在与母亲亲切地接触啊！

八

味觉的美感就不必细说，中国人太懂得味觉的美感了。在所有的感觉中，味觉最为奇妙。它可以是最细微的感觉，须经舌头精心地去品，故而有品茶、品酒一说。其实，何止是液体类的饮品，就是视觉的对象、触觉的对象也真想去亲，亲也就是去品味。不是有“秀色可餐”、“餐风饮露”这样的成语吗？

味，在很多情况下，它不是指一种感觉，它含有哲理、情感的意味。中国人说“味道”，“道”就不是一个具体的对象，而是难以说出的抽象的哲理。在印度文化中，味也是一个重要的范畴。它的原义是对植物的汁、水、奶的感觉，后来上升到哲学层面。在《奥义书》中，味这个词也用来表示本质与精华。印度人比较喜欢将味与情联系在一起，有“英勇味”、“艳情味”、“悲悯味”这样的说法。印度的史诗《罗摩衍那》第二章有这样一个故事：一对小麻鹬在森林中愉快交欢，忽然，一个猎人射中了那只公麻鹬。母麻鹬为之凄惨地悲鸣。正在路过的蚁垤仙人大为动情，说出的安慰的话充满悲悯味，且句句是诗。据说，这个传说是印度美学中味论的胚胎。

中国人讲味，应该说兼有“觉”、“情”、“理”三者。陆游有首《临安春雨初霁》是如此运用“味”的：

世味年来薄似纱，
谁令骑马客京华？
小楼一夜听春雨，
深巷明朝卖杏花。
矮纸斜行闲作草，
晴窗细乳戏分茶。
素衣莫起风尘叹，
犹及清明可到家。

太妙了！你懂“味”吗？

感觉是神奇的，感觉万岁！

错觉之妙

在自然山水美欣赏中，常有错觉发生。有趣的是，这种错觉有时不仅无损于山水美，反而为山水美增添了魅力。著名美学家王朝闻先生说他有一次在泰山看日出，惊喜地发现，那次在雾中的太阳没有太阳的红色和光泽了，而变成了碧玉似的月亮。他觉得那碧玉似的太阳竟有一种火红的太阳比不上的美。他兴奋地说："在泰山等日出，等出了一个'月亮'，我觉得在我这一生的审美感受中是最为难得的。"

将太阳看成月亮，这是错觉，虽是错觉却不因此而苦恼，反而更欢喜。这是山水美欣赏中错觉的独特魅力。在高山顶看云,也常产生错觉,觉得那云就是海,露出云外的山峰就是岛。人们将这种景观称为奇观,名之曰“云海”。华山、泰山、庐山、衡山、黄山都有云海。

错觉的产生需要条件,那多是某种自然环境造成的。早晨、黄昏,还有云雾弥漫,易产生错觉。比如,在光线不充足且有一定距离的情况下,很容易将一块石头看成是蹲伏在那里的动物。也许你会因此而产生一阵恐慌,但当你明白自己看错了时,会产生一阵狂喜。在沙漠旅行,有时能看到远远的地方出现了树林、湖泊,而当你走近一看,仍然是一片黄沙。的确,它经常赚得没有沙漠旅行经验的人空喜欢,空欢喜也许含有一些失望,但换成审美的角度,它是难得的愉快。有沙漠旅行经验的人知道,这种奇景是可遇不可求的“海市蜃楼”。能看到海市蜃楼,是一种难得的幸福。

著名散文作家杨朔曾经动人地描绘过这种奇异的错觉。请看他的描绘:

> 记得是春季、雾蒙天,我正在蓬莱阁后拾一种被海水冲得溜光滚圆的玑珠,听见有人喊:“出海市了。”只见海天相接处,原先的岛屿一时不知都藏到哪儿去了,海上辟面立起一片从来没见过的山峦,黑苍苍的,像水墨画一样,满山都是古松古柏;松柏稀疏的地方,隐隐露出一带渔村。山峦时时变化着,一会山头上幻出一座宝塔,一会山洼里又出现一座城市,市上游动着许多黑点,影影绰绰的,极像是来来往往的人马车辆。又过一会儿,山峦城市慢慢消下去,越来越淡。转眼间,天青海碧,什么都不见了,原先的岛屿又在海

上重现。

——《海市》

——这是错觉,人们明知它是假的,但却极愿意把它当成真的来欣赏。如若有人在那里大喊:"那海市是假的,没什么意思!"人们倒要觉得此人太不识趣了。

欣赏山水美与考察大自然很不相同。后者竭力排除错觉,前者不仅不排除,有时还故意制造错觉。瀑布明明是从高山顶倾泻下来的,因为它高,也许远远看去,与天空相接,就说"疑是银河落九天"。黄河明明不是天上来的,大概因为它远接天边,从地平线上涌来,就说"黄河之水天上来"。天上只一个月亮,不管从哪里看,大小应是一样的,却要说"山高月小"。"将错就错,宁虚勿实,以错为美"。这就是山水美欣赏中错觉的特殊意义。

幻觉与错觉很相似,但幻觉与错觉不同。错觉是在刺激物直接作用下产生的知觉,只不过这知觉与客观实际对象不相符合;幻觉却是在刺激物没有直接作用时产生的,它是过去的知觉在某种外在刺激作用下重新组合的结果。它既幻又实。说它幻,因为眼前没有与之对应的客观事物;说它实,因为它的组合部件仍来自对客观事物的反应。在山水美欣赏中有一种"梦游",它所产生的奇景是幻觉。李白的名诗《梦游天姥吟留别》就记载了他梦游所见的奇景:

明月照我影,送我至剡溪。谢公宿处今尚在,绿水荡漾清猿啼。脚著谢公屐，身登青云梯。半壁见海日，空中闻天鸡。千岩万转路不定，迷花倚石忽已暝。……

诗中所写的天姥山是李白梦中的天姥山，不是现实中的天姥山，所以，他的知觉不是天姥山在他头脑中的反映。李白一生游历过许多名山，这些名山的奇美景观在他脑海中作为信息储存起来了，在“越人语天姥”的刺激下，原有的信息储存突然重新组合，于是就形成了对天姥山的幻觉。

“醉游”也往往产生幻觉，唐代诗人唐温如写了一首《题龙阳县青草湖》的诗，是表现醉游洞庭湖的感觉的，诗云：

西风吹老洞庭波，
一夜湘君白发多。
醉后不知天在水，
满船清梦压星河。

由于酒醉，产生幻觉，误将水中天当成真正的天，以为他的船在星河里行驶呢！

放飞情思

审美最突出的心理活动是情感活动,这种情感活动最突出的特点是将整个宇宙情感化。在审美者看来,一切都是有情物:

"春风识别苦,不遣柳条青。"①

"有情芍药含春泪,无力蔷薇卧晓枝。"②

"无可奈何花落去,似曾相识燕归来。"③

"泪眼问花花不语,乱红飞过秋千去。"④

---

① 李白:《劳劳亭》。
② 秦观:《春日》。
③ 晏殊:《浣溪纱》。
④ 欧阳修:《蝶恋花》。

“离愁渐无穷，迢迢不断如春水。”①

美学理论将这种心理现象称之为“移情”。在审美活动中，通过移情，创造了一种自然界不可能有的境界——心物合一的境界，美的境界。其实，自然美并不是美在自然物本身的形貌上，而是美在审美者所创造的这种心物合一的境界上。那识别苦的春风，那含春泪的芍药，那娇弱无力的蔷薇，那无可奈何飘飞的花朵，这些才是美的呀！

宋代画家郭熙在《林泉高致》中这样描绘他眼中的山：“春山淡冶而如笑，夏山苍翠而如滴，秋山明媚而如妆，冬山惨澹而如睡。”这如笑、如滴、如妆、如睡的山，岂是自然界本来就有的！它是审美者情感创造的产物。

审美中的情感创造简直就像是魔术师的魔杖、巫师的点金术，可以化腐朽为神奇，化平凡为绚丽。

那么，这种创造到底是如何进行的呢？

在西方美学史上有种种说法，其一是同情说，说是人将自己的情感移到物身上，希望在物身上找到同情，像“春风识别苦，不遣柳条青”，“有情芍药含春泪，无力蔷薇卧晓枝”，“无可奈何花落去，似曾相识燕归来”等，都是一种同情，不过，与其说是同情物，还不如说是让物同情自己。“柳条”、“芍药”、“蔷薇”、“落花”，哪里是自然物，分明是审美者自己，这物中跃动的是审美者的情感。其二是象征说，意思是通过将自然物拟人化、情感化，让自然物成为人的某种道德情操或特殊意义的象征。这种

① 欧阳修：《踏莎行》。

说法与孔子说的“知者乐水，仁者乐山”相似。其三是“异质同构”说，说是自然物与人的情感都存在一种力的结构模式，它们的力性质虽然不同，但力的结构模式相同，于是人的情感就与物的形式实现相互认同。这一说法出自格式塔心理学，在当前颇受美学界的青睐。

其实，以上三说不相矛盾，不妨都用来解释移情现象。然而不管哪种说法，都涉及作为客体的自然物与作为主体的人两者的关系。那么，在审美关系的建构中，两者各自有些什么样的规定性呢？

第一，自然山水本身的性质对审美主体的情感有一种制约性。

我们可以将外在的客观事物分成许多类。比如，高山、大河、狂风、暴雨、怒潮、旷野，这类自然风物以体积庞大、力量雄健、气势磅礴见长，相应地，它们所引起的美感是雄伟的美感；清风、明月、微雨、池塘、溪涧、烟霞，这类自然风物以体量较小、力量柔弱、韵味深长取胜，相应地，它们所引起的美感是秀婉的美感。前者在欣赏主体的心理世界掀起狂波巨澜，充满矛盾冲突；后者在欣赏主体的心理世界只吹起微波涟漪，让人感到舒坦、宁静、轻快。又如，青松、翠竹、梅花、菊花、玉兰，虽有的外形挺拔，有的姿态清奇，有的清香微微，有的色彩淡雅，但都显示出一种旺盛的生命力，一种耐寒傲霜的内在气质。这种气质、神韵与清高、坚贞、朴素、正直等品德、情操相合拍。而像牡丹、芍药、桃花、海棠，色彩绚丽，但弱不禁风，这种气质、形象，与人类社会生活中华贵、娇嫩、轻薄、奢靡之类价值判断相连属。

正是自然山水本身所具有的素质在一定程度上制约着人们

对它所产生的情感性质,从而形成相对稳定的审美关系。根据这种关系,人们对自然山水作出一般人大抵都通得过的情感评价,比如说西湖是秀美的、泰山是壮美的。自然山水的自然属性决定着人们对它所产生的情感有着共同的或者说相近的一面。

第二,审美主体自身丰富多变的情感对审美情感的影响。

人的情感是千变万化、丰富多彩的,以不同的情感去欣赏自然山水,山水就着上不同的情感色彩。辛弃疾说:“我见青山多妩媚,料青山见我应如是。”这只能说是处于闲适心绪之下的情感折射。同样是游山,有的起“望峰息心”之念,有的生“高山仰止”之情;同样是观水,有的兴“斜晖脉脉水悠悠”之叹,有的抒“大江东去,浪淘尽,千古风流人物”之情。影响主体情感有两个方面的因素:一个因素是主体现在的处境。杜甫因安史之乱,流离四川,想归家又不能归家。此种境况,自然使他觉得“月是故乡明”了。另一个因素是主体过去的经验。这种经验作为一种表现记忆,留存在主体的心灵,成为一种动力定型。只要眼前的景物与过去的经验有那么一种相似或相关的关系,就立刻激起特别的情感。柳宗元因政治上的原因,被贬谪到永州,心情当然十分苦闷。他的《小石城山记》中有两段文字,第一段记述小石城山的美景,第二段就抒发一种属于他个人的独特的感受:

> 噫!吾疑造物者之有无久矣。及是,愈以为诚有。又怪其不为之中州,而列是夷狄,更千百年一售其伎,是固劳而无用。神者倘不宜如是,则其果无乎?或曰:“以慰夫贤而辱于此者。”或曰:“其气之灵,不为伟人而独为此物,故楚之南少人而多石。”是二者,余未信之。

这段议论,充溢怀才不遇的愤慨之情。小石城山的美景象征着作者的卓越才具,然而"不为之中州,而列是夷狄",不得"一售其伎",不是可悲乎,可叹乎?莫非小石城山之列在夷狄正是为了安慰像我柳宗元这样不见用于朝廷受辱被贬的贤者吧!这倒真是惺惺惜惺惺!这种自慰的解嘲,是诗人不幸遭遇与痛苦经历所造成的。文章结尾,作者故意说:"是二者,余未信之。"扑朔迷离,欲盖弥彰,发人深思!可以肯定,没有遭贬受辱的人生经历是不太可能产生那种独特的审美感受的。

郁达夫游烂柯山的感受,也是如此。郁达夫小时候,听喜欢念佛的老祖母讲过王质伐木遇仙,归去时斧柯烂尽、归家后亲情凋零的故事,也曾临过"王子去求仙,丹成入九天,山中方七日,世上已千年"的方格红字,在脑子里早就形成对烂柯山的神秘感。他这次来到衢州,特地去游烂柯山,当然处处感到神奇了。他来到一个大山洞,见到一湾碧绿碧绿的青天,云烟缥缈,山意悠闲,就不禁"暗暗地要想到成仙成佛的事情上去"了。作为传统文化修养深厚的文学家,他对烂柯山的断碑残碣更是颇有兴趣,也就自然为这些珍贵文物"断残缺裂到不可收拾的地步"而感到惋惜!

过去的经验与文化修养对当下审美情感的影响,大概人人都能体会到。由于生活发生变化,人们的情感也会相应发生变化,这也会影响到审美。列夫·托尔斯泰在《战争与和平》中,描写安德烈公爵两次见到同一棵橡树时的情感反应是很能说明问题的。安德烈第一次见到橡树是他失去妻子隐居乡间心情十分苦闷的时候。这时,在他的眼中,这棵橡树"像一个古老的、严厉的、傲慢的怪物","板着脸,僵硬、丑陋、冷酷"。六个星期后，安德烈结识了充满青春活力的娜塔莎，并且爱上了她。此时，在他眼中，"那棵老橡树完全变了样子了，展开一个暗绿嫩叶的华盖，如狂如醉地站在那里，轻轻地在夕阳的光线中颤抖"。同一棵橡树，仅短短的六个星期，就发生如此巨大的变化。这没有别的原因，是安德烈的心情在这六个星期内发生了巨大变化的缘故。

审美中，活跃的情感经常催开想象的翅膀，想象不仅大大地拓展了审美的天地，并且在理性的潜在调控下，促使审美境界的生成。

元末明初诗人高启登上南京雨花台，眺望大江东去，思绪万千，浮想联翩。他写道：

大江来从万山中，山势尽与江流东。
钟山如龙独西上，欲破后浪乘长风。
江山相雄不相让，形势争夸天下壮。
秦皇空此瘗黄金，佳气葱葱至今王。
我怀郁塞何由开？酒酣走上城南台。
坐觉苍茫万古意，远自荒烟落日之中来。
石头城下涛声怒，武骑千群谁敢渡！
黄旗入洛竟何祥？铁锁横江未为固。
前三国，后六朝，草生宫阙何萧萧！
英雄乘时务割据，几度战血流寒潮。
我今幸逢圣人起南国，祸乱初平事休息
从今四海永为家，不用长江限南北。

——《登金陵雨花台望大江》

诗人站在金陵雨花台上，看大江东去，钟山雄峙，由山川形胜联想到在这里演出过的一幕幕悲壮的历史：由秦始皇发现金陵有王都之气，直到朱元璋一统江山，建都金陵。一个联想接着一个联想，由近及远，又由远及近，由现实到历史，又由历史到现实，联想十分丰富。正是这样一种联想，这眼前的山，眼前的水，就不只是一般的自然物，而是历史的见证。诗人由山水美欣赏进入到对社会生活的历史评价和审美评价了。

当然，高启的情思是过于沉重了，审美更多的是轻松舒徐，信马由缰，极致则是天马行空，自由自在。

泰戈尔看见雨点洒落大地，浮想联翩，吟诗道："雨点与大地接吻，微语道——'我们是你的思家的孩子，母亲，现在从天上回到你这里来了。'"①

多美的情思，多美的想象，多美的境界！

潇洒地放飞情思吧，为了美的愉悦，也为了美的陶冶！

---

① ［印］泰戈尔：《飞鸟集》，上海译文出版社 1981 年版，第 25 页。

悬置功利

“心理距离”是英国心理学家爱德华·布洛用来解释审美心理的一种理论。为了说明这个理论，布洛举了一个很有名的例子：

> 设想海上起了大雾，这对于在海上航行的人来说，都是极为伤脑筋的事，除了身体上感到烦闷以及诸如因担心延误日程而对未来感到忧虑之外，还常常引起一种奇特的焦急之情，对难以预料的危险的恐惧，以及由于看不见远方，听不到声音，判别不出信号方位而感到的情绪紧张。……然而，海上的雾也能够成

为浓郁的趣味与欢乐的源泉。就像所有那些兴高采烈地登山的人们并不计较体力上的劳累及其危险性一样(尽管无可否认,有时这种情况也偶然会渗入欢乐的情绪之中,并增强欢乐之情),你也同样可以暂时摆脱海雾的上述情境,忘掉那危险性与实际的忧闷,把注意力转向"客观地"形成周围景色的种种风物——围绕着你的是那仿佛由半透明的乳汁做成的看不透的帷幕,它使周围的一切轮廓模糊而变了形,形成一些奇形怪状的形象;你可以观察大气的负荷力量,它给你形成一种印象,仿佛你只要把手伸出去,让它飞到那堵白墙的后面,你就可摸到远处的什么能歌善舞的女怪;你瞧那平滑柔润的水面,仿佛是在伪善地否认它会预示着什么危险,最后还有那出奇的孤寂以及与世隔绝的情境,宛如只有高山绝顶才能感受到的情况。这种经历把宁静与恐怖离奇地糅合在一起,人们可以从中尝到一种浓烈的痛楚与欢快混同起来的滋味。这种情绪与另一些方面所形成的盲目而反常的焦躁之情形成了尖锐的对比。①

海上遇雾,感到焦躁不安,因为它给我们带来不便甚至危险,这是从实用的角度考虑的。如果从审美角度去考虑,则不同了,海雾就成为绝美的景致。布洛认为,这牵涉人与海雾处于一个什么样的心理距离的问题。以实用的态度对待海雾,距离太近,不利于审美;只有超越实用的态度,纯然观照事物的形象本

① 爱德华·布洛:《作为艺术因素与审美原则的"心理距离"说》,《美学译文》第2辑,中国社会科学出版社1982年版,第93~94页。

身，即与实际生活保持适当的距离，才能产生美感。

显然，布洛的这种观点是西方美学史上早已有过的“审美无利害关系”的观点的发展，英国哲学家博克在《关于崇高与美的观念的根源和哲学探讨》中提出崇高的对象之所以能让人欣赏，是因为它与人的心理保持一个距离：一方面，它给人恐怖感，使人觉得面临危险，另一方面又给人安全感，因为这不是真正的危险。博克说：“如果危险或苦痛太紧迫，它们就不能产生任何愉快，而只是恐怖。但是如果处在某种距离以外，或是受到了某些缓和，危险和苦痛也可以变成愉快的。”①博克关于崇高的论述隐含有布洛的“心理距离”说。不过，博克说的崇高的对象对人的威胁是虚假的，而布洛说的美的事物与实际生活存在着利害关系是真实的，问题是要将这种利害关系超脱掉，忘掉，这是很大的不同。

布洛的观点跟康德的“审美无利害关系”说更相似。康德认为：“一个审美判断，只要是掺杂了丝毫的利害计较，就会是很偏私的，而不是单纯的审美判断。人们必须对于对象的存在持冷淡的态度，才能在审美趣味中做裁判人。”②黑格尔也谈过审美中的心理“距离”，他认为：“艺术须割断原来把我们和对象联系在一起的一切实用方面的牵涉，让我们完全从认识方面去对待这些对象；同时艺术也要消除漠不关心的情况，把我们原来

---

① 转引自朱光潜《西方美学史》上册，人民文学出版社 1979 年版，第 237 页。

② 转引自朱光潜《西方美学史》下册，人民文学出版社 1979 年版，第 361 页。

分散到其他事务的注意完全转移到所描绘的情境上去。”①从这些材料来看，布洛的“心理距离”说并不是首创，只是在他那里，从心理学角度加以概括，更为系统化、理论化了。

布洛的“心理距离”说对于审美十分重要。就山水美欣赏而言，至少存在如下几种“心理距离”。

首先，山水美欣赏应与山水的物质功利价值保持适当的心理距离。

我们一方面坚持事物的美，追根溯源，有一种物质功利的价值存在，另一方面也认为，对于进入文明时代的人类的较高层次的审美欣赏来说，事物的美又以超越固定的狭隘的物质功利价值为标志。桂林的山之所以美，看来不在它的植被很茂盛，可以提供大量的木材资源，相反，它的山并没有大片的森林；也不在它的矿产很丰富，相反，除了石灰岩，它几乎没有什么珍贵的矿产。石灰岩虽有价值，却不珍贵。如果执著于物质功利标准来判断美与丑，桂林的山就根本不值一谈了。漓江也如此。它虽有灌溉、航运之便，但哪里比得上大江大河？然而人们千里迢迢来游桂林，而且一到桂林，非泛舟漓江不可，认为桂林的美大多在漓江，这也证明桂林山水的美不在它的物质功利价值。

审美固然潜在着功利，渊源于功利，但审美的特点正在于超脱功利。夏夫兹博里在他的名著《论特征》中说，请设想一下，假如当你被所看到的远处海洋之美所陶醉的时候，竟然在你的脑海里起了一种念头，想怎样去制服它，怎样像一个伟大的海军上将那样去统治海洋，这种幻想不是有点荒唐吗？是的，是有一

① 黑格尔：《美学》第3卷上册，商务印书馆1979年版，第266～267页。

点荒唐。

其次，山水美欣赏要与对山水的科学认识保持适当的心理距离。

自然山水是自然科学研究的对象之一。这里因研究的具体方面不同，又可分为许多学科，如地理学、地质学、植物学、动物学、气象学等。这些学科以研究、探索自然的某一方面的规律为任务，重在客观发现。虽然自然科学家在科学研究中，由于有新的发现而感到喜悦，甚至情不自禁，但这种喜悦的情感并不渗透到他与自然物的认识关系之中去，而游离于这一关系之外。当然，自然科学家也会因所考察的对象形貌奇丽而产生美感，如矿物学家很喜爱矿石的美丽色彩，气象学家很喜爱云霞的绚烂，但这种喜悦与那种因对自然物的内在规律有新的发现而产生的喜悦，是两种不同性质的情感。过于执著或一味沉浸于对物的科学考察，是会妨碍审美情感的。当然，完全排斥对自然物的科学认识，也不可能建立人与自然的审美关系，因为人与自然的审美关系的建立是立足于对自然一定的了解和认识基础之上的。对雷电一无所知的人，大概很难欣赏雷电的美；对江潮浑然不晓的人，江潮的威猛气势只会令他恐惧，也不能欣赏它的美。欣赏自然山水美，既需要对自然山水有一定的了解、认识，又不能全然沉浸于对自然规律的探求之中，而应保持一个适当的心理距离。

以上两种心理距离，涉及审美“注意”形成的问题。心理学告诉我们：“人在同一时间内不能感知周围一切对象，而只能感知其中的少数对象，在满天星斗的夜间，我们只能看清楚几颗星星，而不能看清所有的星星。在思考问题的时候，我们也只能同时想到少数问题,而不能想到所有的问题。”①这样,人们的感知就会有所选择,将那些最能引起他兴趣的事物,作为注意的对象。那些注意的对象就在大脑皮层和皮层下部位形成优势兴奋中心。根据相互诱导的原则,非注意的对象所引起的神经活动就会引起抑制。在处理与自然山水关系的时候,如果把注意力集中于财富的开发和对自然规律的认识,只想这二者会给人们带来利益,相应地,就会抑制审美方面的兴趣。而只有将这方面的心理淡化,使其处于被抑制的状态,才能使事物的审美价值在大脑皮层和皮层下部位形成优势兴奋中心。

实用的态度和认识的态度虽说在一定程度上会妨碍审美兴奋优势中心的形成,但也并非绝对地与审美相对立。物质功利价值是审美价值的本源,如果你有兴趣,也有这方面的修养,追溯一下人与事物审美关系建立的渊源,也是相当有意义且有趣的事。其实,一定的科学认识是审美感受的先决条件。我们到某处旅游,至少得了解这个地区是不是有利于身体健康吧。如果懂得多一些,比如,知道此处的空气是否清洁,负氧离子有多少,知道此处的水含有什么矿物质,对健康有何影响,知道此处的地质构造并知道它那奇姿丽态的山峰是怎样形成的……这于你的审美有多大的好处啊!总之,一方面需有所超脱,与对山水的功利态度、认识态度保持一定的距离;另一方面又不能绝对地排斥对山水的功利态度和认识态度。

心理距离,还涉及游兴问题。游需有兴。游兴实质就是对

---

① 曹日昌主编:《普通心理学》上册,人民教育出版社 1980 年版,第 188 页。

欣赏的纯粹性的肯定。游就是为了游，它的目的是单一的。如果游中含有别的目的，比如做投资调查、科学考察，那就必然分心了。试想当你来到一处景色佳美的地方，脑子里却在转着如何开发房地产，那还会很好地欣赏风景吗？“兴”因游而起，人也就因“游”而乐。

我们说，无兴伤游，还要补充，兴不纯同样伤游。

出入其间

王国维在《人间词话》中说:对宇宙人生,须入乎其内,又须出乎其外。入乎其内,故能写之。出乎其外,故能观之。入乎其内,故有生气。出乎其外,故有高致。王国维这里说的,也完全可以用于审美,审美也存在一个"出""入"问题。大体上说来,有三种"出""入":

第一,出入于熟知与陌生之间。

在实际生活中,我们经常看到这样的现象:长期居住在某一风景区的人,对此处的风景并不太感兴趣。朱光潜先生有一个著名的例子:海滨的农民见文人雅士来海滨游览,对大海的景象赞不绝口,不禁对他们说:“这海有什么好看的!还不如去看我屋后的那一畦小菜。那才可爱呢!”为什么老农对大海不感兴趣,觉得不如屋后的一畦小菜美呢?当然,这是一种狭隘的物质功利观在作怪。除了这个原因外,大概是因为他长期居住在大海边,对大海的风景太熟悉了。因为太熟悉,对大海的审美敏感没有了。美感是具有“敏感”的性质的。黑格尔说:“在自然界我们要借一种对自然形象的充满敏感的观照,来维持真正的审美态度。”①什么东西才能维持人的审美敏感呢?就是新鲜的东西。老是面对同一事物,老是接受同样的刺激,审美的敏感就会弱化,对这一事物就再也提不起兴趣了。

来到一个新的地方,接受的是新鲜的刺激,审美敏感特别活跃,由此激起的情感也就特别强烈,联想和想象也就格外丰富。因此,这在本地人看来不过尔尔的风景,在外地人的眼中却变成了蓬莱仙境。

值得强调的是:并非凡陌生的景象都能引起美感愉悦。我们说的陌生是与熟悉相对而言的。人在面临新的事物的时候,总要调动大脑中的经验贮存来对新事物作出反应,力求在新旧事物之间找出它们的同和异来,以便对新事物采取适当的态度。最能引起人们注意并使人感到兴趣的对象是既有几分了解又不全了解的事物。过于熟悉的事物,失去了探索的必要,自然没有了兴趣,但是过于陌生的事物,欣赏者在过去的生活经验和知识积累中无法找到可资参考的凭借,在它的面前,只能感到惶惑不安,手足无措。小孩来到那些在成人看来十分美丽的地方,由于

---

① 黑格尔:《美学》第1卷,商务印书馆1979年版,第166页。

他没有接受这新鲜刺激的任何经验前提，往往不感兴趣。从这看来，熟悉与陌生也有个合适的心理距离的问题：一方面，对所观察到的对象应该是比较新鲜的；另一方面，又不全然是陌生的。生中有熟，熟中有生，既要避太熟，又要避太生，妙在生熟之间。

长期居住在风景区的人，也有办法使自己对这处风景的“熟”“生化”，以重新唤起美感。比如，暂时离开家乡一段时间，使这处风景对大脑的刺激暂时中断，原已构成的暂时的神经联系松弛、弱化。这样，当你再返回家乡的时候，就会觉得这过去熟知的风景有点陌生了，原已钝化的美感忽然变得敏锐起来，于是，这眼前的风景唤起了你强烈的美感。

有这样一首古诗《舟还长沙》：

依家住在西湖东，
十二珠帘夕照红。
今日忽从江上望，
始知家在画图中。

这诗写一位女子对家乡——西湖的审美感受。西湖是很美的，可这位女子平时并没有强烈的感受。她对这一切太熟悉了，因而也视之平常。可是，当她离开家乡一段时间后，舟还长沙，从江上远眺家乡：那碧波荡漾的湖水，那夕照中金碧辉煌的画舫，那深情的垂柳，那淡蓝色的远山……这一切对于此时的她，是多么有趣，多么迷人！直到此时，她才“始知家在画图中”。

当然，离家一段时间也不是化熟为生的惟一方法。重要的是要加强自身的修养，提高欣赏水平，学会多角度地欣赏自己所熟悉的山水。自然山水没有什么变化，但主体的心理文化结构得到了调整，也许能从熟悉的山水中看出新的美来。

第二，出入于情感与理智之间。

在山水美欣赏中，要在对山水的情感态度和理智态度之间保持一个适当的心理距离。

山水美欣赏，当然要动情，情不动，就谈不上审美。但是，在炽热的情感之中，完全忘却了主体的存在，把审美的境界当成现实的境界，却不能说是审美的极致。《红楼梦》中林黛玉葬花，在欣赏落花流水之时，感怀身世，竟然完全沉浸在无限哀伤的情感之中，将自己与落花完全融合起来，以致忘却了自己的存在。最后，不觉晕倒在山坡上。这种境界，人们往往给予很高的评价，认为是审美的极致，我却很怀疑。审美是主体对客体的一种反映，是主体对客体的一种精神性把握。它不仅包含主体与客体的情感交流，而且还包含主体对客体的理性（尽管是渗透在情感之中的）的认识、评价。一味沉浸在某一种情感之中，只是入乎其内，而不能出乎其外，必然削弱了对客体的理性思考。这种审美态度是不完善的。鲁迅说："我以为情感正烈的时候，不宜做诗，否则锋芒太露，能将'诗美'杀掉。"①做诗如此，欣赏山水也如此。过分的甚至偏执的主观情绪会影响正确地反映客观世界，包括反映客观世界的美。桂林山水大家公认是很美的，可柳宗元出于个人的不幸遭遇，情绪很坏，把桂林的山看成是"海畔尖山似剑芒，秋来处处割愁肠"，能说这种审美反映是正确

---

① 《鲁迅全集》第11卷，人民文学出版社1982年版，第97页。

的吗?

反过来,在山水美欣赏中,只有理智活动,没有情感活动,或理智活动过强、情感活动过弱,只是出乎其外,不能入乎其中,只是“以物观物”而不能“以我观物”,也不能进入比较完善的审美境界。魏晋玄学家提出“以玄对山水”,主张从山水中领悟玄理。宋代某些诗人以理入诗,将自然山水看做某一哲理的象征。这都不是真正的审美态度。对自然作过多的哲理思考、道德比附(特别是在与情感、与形象脱节的情况下)会失去很多的审美乐趣。

第三,出入于期待与实现之间。

世界上很多事物,人们在追求它们时,那种渴望、那种期待,要比追求满足之后的情感更为强烈。这一点,在艺术美欣赏中似乎最为突出。看到或听到一部电影的名字,或看到听到别人对这部电影的种种议论,立即引起强烈的愿望,要去欣赏这部电影。虽然还未去欣赏,想象的翅膀已经张开了。获得的种种信息加上这种想象,对要去欣赏的电影或小说无形地立下了主观的标尺。欣赏完成后,如果实际的效果超过了主观标尺,则惊喜不已;如果没有达到主观标尺,就会感到失望、遗憾、后悔。所以,一部影片,如果影评吹得太高,不切实际,是常常会帮倒忙的;当然,如果评价太低,就引不起观众观赏的愿望。

自然山水美欣赏有两种情况:一种纯然是邂逅,乘车去某地,途中突然发现某处风景很美,油然而生愉悦;另一种情况是有目的而游,比如听说黄山很美,便抽时间去黄山一游,这种审美欣赏是有审美期待的。由于审美期待只是一种主观愿望,故它与审美实现不一定能够做到一致,然而审美期待在相当程度上影响到审美效应。审美期待过高,欣赏完毕后发现达不到原来的期望值,失望的情绪有可能影响到对景观的客观评价,也会给自己带来不愉快。反过来,审美期待过低,提不起审美的兴致,浅尝辄止,则有可能失去很多本来可以欣赏到的美。有一次,我们几个人去游张家界的腰子寨,因为前一日游过黄狮寨,听说黄狮寨是张家界最美的游览点,因此,对腰子寨的审美期待就偏低。登了一程山,看了"丑八怪"、"哼哈二将"、"宝玉哭灵"等景观后,我们中的一些人觉得景致平平,就再也提不起兴趣,"打道回府"了。而我们几位对腰子寨景观尚存期待,便继续前进,终于看到了奇景,满心欢喜。

审美期待虽未必合乎实际,但它是一种力量。它可以鼓励你克服困难,实现平常未必能实现的愿望。比如,游黄山,或许你听说,黄山天都峰极美,当然也听说登天都峰极险。"极美"诱惑你,鼓励你上;"极险"阻拦你,促使你下。如果你在登山之前已经下了决心,一定要登天都峰,那么,登天都峰的艰险的滋味和登上天都峰后饱览大好景观的愉快都事先作为一种审美期待活跃在你的脑海里。在攀登的过程中,这种审美期待转化成一种巨大的力量在支撑着你,而当登上绝顶,审美期待就转化为审美的实现。事先有没有审美期待,在这个时候所感受到的审美愉快是不一样的。

苏轼游石钟山是有审美期待的。他从读书中得知:石钟山有洪钟般的响声。关于这响声的成因有二说。其一是郦道元的《水经注》中所说:"……以为下临深潭,微风鼓浪,水石相搏,声如洪钟。"其二是唐代李勃的说法:"得双石于潭上,扣而聆之,南声函胡,北音清越,枹止响腾,余韵徐歇。"对于这二说,苏东坡都感到怀疑,决定亲自去考察一番。当然,作为诗人、文学家,他的这种考察不能只是科学考察,还有审美欣赏。他写的美文《石钟山记》足以证明这也是一次审美活动。在探索石钟山奥秘的审美期待的鼓舞下,苏轼不畏艰险,深入考察,终于发现了石钟山的秘密,证实了郦道元的说法是对的,只是郦说得过于简单了。就此苏轼发表感慨:"士大夫终不肯以小舟夜泊绝壁之下,故莫能知;而渔工水师虽知而不能言:此世所以不传也。"苏轼因自己的审美期待终于得到实现,非常兴奋。试想,如果苏轼没有审美期待,就不可能有月夜泛舟之举,而没有月夜泛舟之举,就不可能发现石钟山的秘密,当然,也就不可能有审美愉快。

正确设置审美期待是重要的,这须在游览之前,尽可能多地获得有关这个风景区的各种信息,同时也需要有一个较好的心态,对山水美的多样性有一个正确的认识。即使审美期待与审美实现有较大的反差,也能正确地对待。比如,你听信张家界比黄山、桂林更美的传闻,来到张家界后,发现并不如此,于是大失所望。其实,张家界有张家界的特色,黄山有黄山的特色,桂林有桂林的特色。它们的美是不同的。不切实际地胡乱比较,往往是审美实现不够理想的原因之一。看惯了江南青山绿水的人到大西北去参观,以为大西北有与江南一样性质的美,结果看到的是茫茫戈壁、漠漠黄沙,觉得一点也不美。其实,茫茫戈壁、漠漠黄沙也有它的美,这是一种浑厚雄壮之美,与江南的幽雅灵秀之美是两种不同的美学风格。

看来,恰当地设置审美期待,对于自然山水美欣赏也是一个不可忽略的问题。

创造朦胧

我们欣赏自然山水，总要与欣赏的对象处于一定的空间距离。空间距离不同，欣赏者的审美感受也不同。同样一座山，远远看去，像贴在天上的一张三角形剪纸，一点也不显得高大挺拔，而走近一看，则峥嵘突兀，令人咋舌！站在庐山看长江，那长江只不过是一条淡黄色的或白亮亮的长长飘带，而如果下得山来，站在江边一看，江面辽阔，浊浪滔滔，动人心魄。这时你怎么也联想不到飘带。

由于人的感知能力的限制，加之云烟、雨雾、光线等自然因素的作用，人与审美对象的距离如果不适当，就不能正确感知客观事物的真实面貌。明明是一座猛恶的山林,由于云雾的遮掩,则增添了几分灵秀;明明是不大的湖面,由于烟雨蒙蒙,则显得空阔无边。宋代画家郭熙说:“山欲高,尽出之则不高,烟霞锁其腰则高矣。水欲远,尽出之则不远,掩映断其脉则远矣。”又说:“远山无皴,远水无波,远人无目,非无也,如无耳。”①这种空间距离造成的错觉对科学认识来说,也许不利,对于审美来说,却不仅没有什么害处,反而往往造成一种特别的审美感受。苏东坡游览西湖不因“山色空濛雨亦奇”倍觉其美吗?杨万里雨后登山不因“遥隔一片雨”,发现雨雾中的山峰“亭亭如仙子”②而别有兴味吗?欧阳修醉游滁州山水不因山间朝暮“晦明变化”③而觉得其乐无穷吗?

因一定的空间距离造成的审美对象的朦胧,使欣赏者的兴趣总保持在临界点的美感上,很能诱发欣赏者进入能动的创造性状态。所以朦胧向来为人所称道。

朦胧的审美有一种特殊的心理规律在起作用,这就是知觉的“简化”规律。美国心理学家鲁道夫·阿恩海姆认为:“人的眼睛倾向于把任何一个刺激式样看成已知条件的允许达到的最简单的形状。”④知觉简化有助于人们迅速地反映事物的最重要的结构特征,以掌握事物。比如看一个人,我们往往只需记住他的脸部的一两个主要特征就行了。画一个人也不必把什么都画

---

① 郭熙:《林泉高致·山川训》。

② 杨万里:《雨后晓登碧落堂》。

③ 欧阳修:《醉翁亭记》。

④ [美]鲁道夫·阿恩海姆:《艺术与视知觉》,中国社会出版社 1984 年版,第 64 页。

出来,只需抓住其特点。阿恩海姆说:"在艺术领域内节省律,则要求艺术家所使用的东西不能超出要达到一个特定的目的所应该需要的东西,只有这个意义上的节省律,才能创造出审美的效果。艺术家要掌握节省律,就必须去效法自然。"①艺术创作所需要的"节省律"是在知觉简化的基础上进行的。知觉简化达到什么样的程度,一方面看知觉者的知觉简化能力,另一方面看客体刺激物刺激力量如何。刺激力量大,知觉简化就会削弱,刺激力量弱,知觉简化就会加强。距离的远近又直接影响刺激物对欣赏者的刺激力量。距离远,刺激物的特征看不清晰,其刺激力较弱。在这种情况下,知觉的"简化"作用就强烈地表现出来了。知觉不得不发挥它的能动作用,把不够清晰的对象加以简化。看较远处的人,知觉将他简化成活动的头和四肢;看更远处的人,知觉进一步将他简化成一个活动的小长条。至于人的各个细小部位如眼睛、耳朵等就不能不模糊化,甚至略掉。阿恩海姆说:"远距离把刺激削弱到如此微弱的程度,以至于使得知觉的作用过程可以自由地按照自己的活动趋势把最简单的形状强加到刺激物上面,这个最简单的式样当然就是圆形。"②除了距离远这一条件外,其他一些条件也能够削弱刺激,如雨雾、云烟、昏暗的光线等。客体刺激的削弱,除必然引起主体心理功能去把握对象外,联想和想象也给调动起来了。凡是知觉不能直接把握的虚空,都可以用联想和想象去填充。这样,现实中模糊

---

① [美]鲁道夫·阿恩海姆:《艺术与视知觉》,中国社会出版社 1984 年版,第 68 页。

② [美]鲁道夫·阿恩海姆:《艺术与视知觉》,中国社会出版社 1984 年版,第 80 页。

的东西在想象中变得更具体了,眼前的朦胧在意象的世界里变得清晰了。

虽说距离越远,知觉"简化"的能动性越大,但是距离过远,客体的面貌过于模糊(比如说就一个圆点),主体对它的创造性的填补又失去必要的规范、制约,倒反而失去了审美的丰富性。

在山水美欣赏中,时间的距离也能造成不同的心理感受。阿恩海姆认为,在时间中的远"距离"与空间中的远"距离"一样,同样也能削弱刺激。这种削弱也同样为主体的审美提供更多的自由天地。比如,我们游览了某一风景区,当时的感知与过后的回忆大不一样。当时的感知,种种情景很清楚,这固然很好,但一时又抓不住重点,因为各种刺激物的刺激力都比较强。事后回忆,由于时间流逝的缘故,某些缺乏突出特征的景观就逐渐模糊,甚至遗忘了。留在脑海中的是曾经强烈地刺激过欣赏者的感觉、打动过欣赏者情感的景观。笔者 2001 年游览著名的风景区——武夷山,回来后一直想写点什么,只觉得头脑中信息很多,竟然写不出来,想不到一年之后,某一灵感触动,再来写武夷山时,头脑中的印象反而更清晰了,于是一气写了两篇游记,分别记叙武夷山的自然景观与人文景观。当然,时间越长,脑海里留下的记忆表象就越少。因此,适当的时间之后来谈游览某一景区的感受,当会更准确,但超出这个时间,就可能很难谈了。比如,笔者曾在日本一座小城住了一段时间,感到此地风景很值得一写,然而回国后,忙忙碌碌,没能及时动笔,如今四年过去了,过去的记忆开始模糊,要写就比较难了。

时间距离对于审美欣赏还有一个好处,它让情感得到提炼,得到升华。一般来说,当下的情感易于激发,但也较为粗糙,较为偏激，甚至较为功利，等到过了一段时间，回过头来咀嚼，此时的情感就较为纯粹，较为理性，也较为客观了。如果当时的感性印象还在，就能作出较为恰当的审美评价。

更重要的，当下的景观，由于过强的功利性不易成为审美对象，然而经过岁月的磨洗，它的伦理的、政治的功利性大为削弱，而它的审美性、科学认知性则凸现出来了。毛泽东有诗句“弹洞前村壁”，这景象在当年大概难以进入审美情境，而过去多年后再来看，则成为审美景观了，所以毛泽东赞美此景观：“装点此江山，今朝更好看。”诸多的历史名胜，其审美价值是通过历史的流逝而获得的。

距离在审美中太重要了。有多种意义的距离：心理距离、时间距离、空间距离，它们都从不同意义上关系到审美的发生以及发生什么样的美。善于设置审美距离，这可是一门大学问。喜爱游山玩水的诸位，你准备好了吗？

天乐之赏

在中国古代文化史上，柳宗元具有崇高的地位，他是文学家、哲学家，也是美学家。他的山水散文"永州八记"不仅是中国山水散文的杰作，在文学史上占有重要的地位，而且因为提出了一系列很有价值的山水美的理论，在中国美学史上也不容忽视。其中《钴鉧潭西小丘记》中所提出的"四谋"说，就极为精辟地揭示了山水美欣赏中的心理过程，值得我们高度重视。

柳宗元在这篇文章中说：

嘉木立，美竹露，奇石显。由其中以

望，则山之高，云之浮，溪之流，鸟兽之遨游，举熙熙然回巧以献技，以效兹丘之下。枕席而卧，则清泠之状与目谋，瀯瀯之声与耳谋，悠然而虚者与神谋，渊然而静者与心谋。

这段文章妙极！文字之优美、音韵之铿锵我们均暂且不说，单就其境界而言之，只要我们稍作凝神，头脑中就会出现一幅画面，画面中心是潇洒旷达的柳宗元，在他的四周是嘉木、美竹、奇石、鸟兽；他的头顶是蓝天、白云、山峰；在他之下则是溪流、异草、野花。所有这一切自然景物都在流动着，充满生气，而且这一切自然景物仿佛有思想，有情感，孩子般的天真、活泼、可爱，“举熙熙然回巧以献技，以效兹丘之下”，向柳宗元致意，取悦，并邀共同嬉戏。而此时的柳夫子呢，一领席子铺地，仰而卧之，只觉得目中是清泠之状，耳中是瀯瀯之声，心中是渊然沉静之思。他早已忘怀自己的存在，仿佛与自然山水融为一体，其情、其景、其境，非亲历者难以领会。

那么他是怎样进入这个境界的呢？我们不妨分析一下：

首先是“望”，不只是平视，而是上下左右圆转式的视界运转，仰视：见山之高，云之浮；平视：见溪之流，鸟兽之遨游；环视：见嘉木立、美竹露、奇石显。这不只是一个三维的空间，而且是一个四维的时空环境。它是动态的，变化的，隐约见出岁月的流程。

更重要的，柳宗元这个“望”是充满情感的望，“情往似赠，兴来如答”。在与对象的情感性赠答中，这个宇宙就完全变了，这一个充满人情味的宇宙，一切是那样的和谐，那样可爱，那样亲和。仰望上苍，哦，山是那么的高大、神秘，肃穆中油然生出恐惧，然见云从天边飘来，是那样潇洒，则顿时轻松了。环视四周，群山耸峙、峭拔、险峻，静寂中似有迫人之感，然看到一条清亮的小溪在山涧中跳跃地奔流，吟唱着，丛林中不时蹿出兽类、飞禽，则整座山也变得活泼泼地，不再吓人了。此时，在柳宗元的眼里，木是嘉木、竹是美竹、石是奇石，一切全是可爱的了。

由是，“则清泠之状与目谋，瀯瀯之声与耳谋，悠然而虚者与神谋，渊然而静者与心谋”。好个“四谋”说，将审美中身心舒畅、物我两忘的境界表达得特别深刻。

“清泠之状与目谋”：自然山水美欣赏最直接、最普遍的审美感受是通过视觉获得的，视觉无疑是最重要的审美感官。视觉美感最普遍的是色彩感、形状感。柳宗元在这里说的是“清泠之状”。清泠之状含意比较丰富，它的基调是绿色，由绿色生发出清凉感、清新感、清幽感、清远感。这就不只是视觉，而涉及肤觉、嗅觉了。这种“清泠”还具有生命的跃动意味，道德的清高意味，这样，它就通向更高层次的精神了，这种感觉实质是理性，只是它仍然体现为感觉。

“瀯瀯之声与耳谋”：这是说听觉。听是赏景的又一重要手段。大自然是奇妙无比的音乐厅，其中所奏响的乐章，人间任何音乐无法与之相比。善赏景者不只是目视，而且还有耳听。柳宗元在这里听的是“瀯瀯之声”，主要是溪水之声，自然，也会听到淅淅沥沥的落叶声，时高时低的鸟鸣声，还有时大时小的风声，等等。听，可以是有声之听，人声、风声、鸟声、水声，都可以听；听，也可以是无声之听。比起视觉，听觉比较地“虚”，因而它更容易激发联想与想象，更容易通向精神，也更具魅力。在大自然的各种声音中，会听者听到了天籁，听到植物拔节成长的吱吱声，听到大地的强劲的脉搏，听到宇宙深沉的呼吸，听到了上帝的声音。柳宗元从“瀯瀯之声”中听出了什么？他没有说，但他肯定听出来了。

“目谋”、“耳谋”说的是审美中感官的愉悦，这是自然山水审美中最为普遍的美感，也是最低级的美感。再进一步则是“神谋”与“心谋”了，这是美感的高级阶段。

“悠然而虚者与神谋”，“神谋”的对象不能是具体的景物而只能是一种意味了。柳宗元在这清幽的环境中，首先感受到的是实景的存在，实景需用目、耳等感官去接受。一般人审美到此为止，但是作为哲学家的柳宗元，从实景中感受到了“虚”的存在。这“虚”是什么呢？是实景背后更为深刻的东西，是生命意味，是宇宙的法则，是神灵的旨意……各人所感受到的不一样，但有一点是共同的，那就是它必然是超越物质的精神，是理念。在中国古典哲学中常用“道”来表述。陶渊明说：“采菊东篱下，悠然见南山。”他在与南山晤谈，心境悠然中悟道。

“渊然而静者与心谋”：“心谋”与“神谋”都属于精神之游，在柳宗元这里略有区别，神谋只是感受到宇宙本体——道（虚）的存在，但道是什么样的存在，还需要“心谋”。“心谋”不仅能感受到宇宙本体的存在，还能体悟到这种存在的状态——“静”。“静”在中国哲学中具有本体论的意义，它绝不只是听觉意义上的安静，老子说“归根曰静”，“静为躁君”。“静”既然指“归根”，“为躁君”，当然是宇宙的本体。柳宗元显然将自然山水的审美升华到哲学的高度了。他在自然山水中悟出道来，悟出人生的真谛来。柳宗元认为，体悟宇宙本体——“虚”需要悠然的心境，而体悟宇宙本体“虚”的存在方式——“静”，则需要

“渊然”的心境。

如果说“目谋”、“耳谋”,指的是“身游”,那么,“神谋”、“心谋”指的是“心游”。当然,“身游”也不可能只是“身游”,“身游”中也有“心游”。但是,在“身游”阶段,不离感官享受,耳得之而为声,目遇之而为色;而在“心游”阶段,则超越感官享受,进入比较玄妙、比较幽微、比较抽象的精神之旅了。“心游”的快乐不是感官的快适,而是心灵的愉悦。由于这种愉悦关涉的是人的精神家园的问题,是大智慧,大启迪,因而它带有较强的理性意味。当然,这种快乐,非一般的感官快乐可比,这是一种大快乐。

这里,似又区分为两种情况:一种情况是愉悦中的理性意味更多地消融在情感之中、想象之中、形象之中,难以用概念表达。如,陶渊明从“山气日夕佳,飞鸟相与还”的景观中感受到了大愉快,却说不出来,只是感叹:“此中有真意,欲辩已忘言。”迦叶从如来拈花中似也有所悟,他也没有说,也不会说,只是略略地微笑。这种情况似与柳宗元说的“悠然虚者与神谋”相似。另一种情况则是大愉悦中的理性意味脱颖而出,产生了概念。如,孔子说:“知者乐水,仁者乐山。”①他分明从山水中看出了智与仁的基本性质。康德也是如此,他说:“有两样东西,人们越是经常持久地对之凝神思索,它们就越是使内心充满常新而日增的惊奇和敬畏:我头上的星空和我心中的道德律。”②康德从星空中体悟到的是道德律令。在孔子,感性的山水之乐进入理性

① 《论语·雍也》。

② [德]康德:《纯粹理性批判》,人民出版社2003年版,第220页。

的道德之乐,仍然为乐;而在康德,感性的愉悦也升华为理性的崇高感,乐已转化为肃穆了。这后一种情况与柳宗元的“渊然静者与心谋”相似。从审美心理来说,柳宗元的“神谋”更多地联系审美想象,而他说的“心谋”更多地联系审美理解。

中国人自古重视从山水中获得启迪,画家们说,“搜尽天下奇峰打草稿”,“外师造化,中得心源”;雅士们说,“清风朗月,辄思玄度”,“时人目王右军,飘若游云,矫若惊龙”;学者们说,“行万里路,读万卷书”;禅僧们说,“万古长空,一朝风月”;哲学家说,“澄怀观道”,“以玄对山水”……

这是一种怎样的快乐与享受呢?南朝宗炳说:圣贤映于绝代,万趣融其神思,余复何为哉,畅神而已。是啊,畅神而已,还能说得更具体吗?难!山水之乐,如鱼饮水,冷暖自知。

不过,可以肯定的是,这是一种至高无上的大快乐,庄子说:“与天和者谓之天乐。”沉浸在“四谋”之中的柳宗元应是进入“天乐”的境界了。

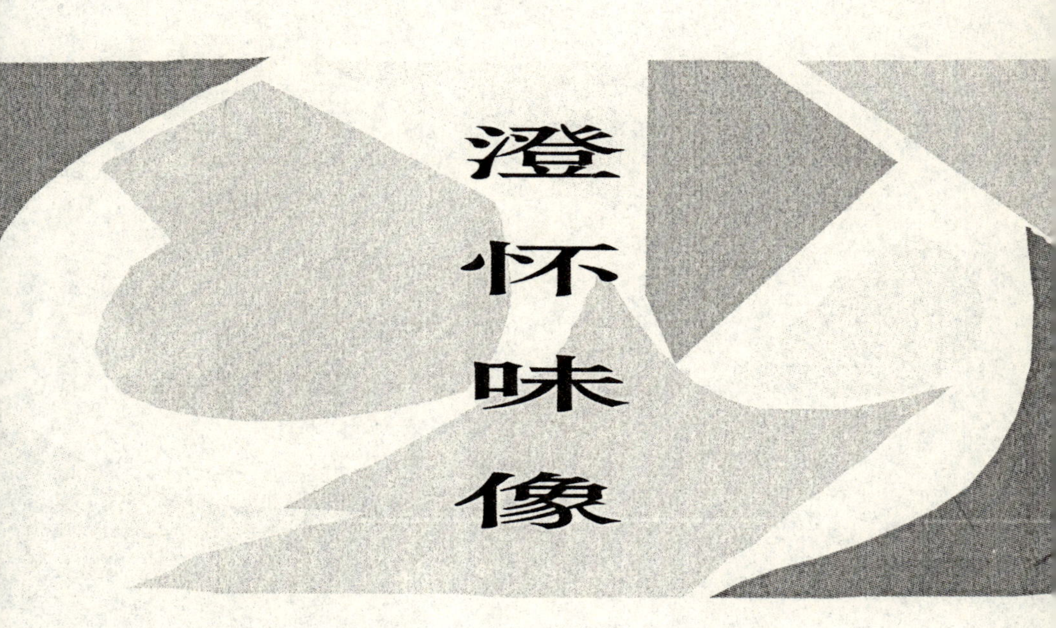

澄怀味像

男人是山，女人是水（上）

一

山水。最为精致的并列！

中国人通常将风景称之为山水，也将自然称之为山水，甚至将颇有些神奇的看地术即堪舆学也称之为山水。

《周易》云："立天之道曰阴与阳，立地之道曰柔与刚。"阴与阳者，日月也；柔与刚者，水山也。《周易》又云："乾道成男，坤道成女。"乾，阳也；坤，阴也。于是，就有了这样的系列：地，阴，月，柔，水，女；天，阳，日，刚，山,男;于是,“山水”遂成为可以与“阴阳”、“刚柔”、“男女”互训的概念。

男人是山,女人是水。

二

抬头看山:何等的巍峨,何等的刚强,何等的挺拔!将蓝天白云撑起来,将地球的凸凹露出来,将生命的尊严立起来。这就是山的品格。

在中国诸多的山脉中,昆仑山有着特殊的地位。《吴越春秋》云:“昆仑之山,乃地之柱,上承皇天,气吐宇内,下处后土,禀受无处。”又《禹本纪》云:“夫五岳者,中岳昆仑,在九海中,为天地心。”好个“上承皇天”“为天地心”!在中华民族的心目中,昆仑山是我们民族的脊梁,是祖先的发源地,是通天的阶梯。

有关昆仑山的神话极为辉煌,《山海经》说,昆仑是“帝之下都”,这里说的帝是天帝,也称太帝,他就居住在昆仑山的巅峰——悬圃,据说,其宫殿高达九层,号曰天庭。昆仑山还是“百神之所在”,相当于希腊的神山——奥林匹斯山。昆仑山的诸神中最为著名的神是西王母,她头戴着金灿灿的首饰,露着白亮亮的虎齿,拖着长长的豹尾。形象鲜丽而又狰狞。西王母身边有三只青鸟,这鸟专为她取东西来吃。西王母出行,驾凤乘龙,祥云缭绕,仙乐悠扬。人是很难见到西王母的,只有周穆王有这个福气,他西征昆仑,荣幸地获得西王母的接待。

昆仑山,中国瑰丽江山的象征,中华民族神权的最高象征,中华帝国王权的最高象征。

昆仑,中华民族的圣山!

于是,当唐代诗人程贺来到浩瀚的洞庭湖,看到美丽的湖中小岛——君山,遥思娥皇、女英南来寻舜泪洒斑竹的故事,不禁想起了远在数万里之外的昆仑山,朗声吟道:“曾游方外见麻姑,说道君山此本无。云是昆仑山顶石,海风吹过洞庭湖。”①岂止是小小的君山,祖国的山山水水都与昆仑山血脉相连,都源自昆仑山。

于是,当繁华的赵宋王朝被北来的金兵打得落花流水,金瓯残缺,生民涂炭之时,忧心如焚的老诗人张元干不禁哭吟:“梦绕神州路,怅秋风,连营画角,故宫离黍。底事昆仑倾砥柱,遍地黄流乱注,聚万落千村狐兔。”②昆仑倾倒了,谁能将它扶起?当岳飞大书“重整山河”时,让人首先想到的是昆仑的重新昂首。

毛泽东率中国工农红军长征到达甘肃,远眺白雪覆顶的高山,也不禁想到了中华民族的圣山——昆仑山。他朗吟道:

> 横空出世,莽昆仑,阅尽人间春色。飞起玉龙三百万,搅得周天寒彻。夏日消溶,江河横溢,人或为鱼鳖。千秋功罪,谁人曾与评说?
>
> 而今我谓昆仑,不要这高,不要这多雪。安得倚天抽宝剑,把汝裁为三截?一截赠欧,一截遗美,一截还东国。太平世界,环球同此凉热。③

---

① 程贺:《君山》。

② 张元干:《贺新郎》。

③ 毛泽东:《念奴娇·昆仑》。

毛泽东借昆仑起兴，以改造昆仑为喻，表达改造中国的雄心壮志。

昆仑的地位巍矣！中国的山只有昆仑有此至高无上的地位。不过，昆仑毕竟离中国的腹地较远，且路途艰难，中国的皇帝只能遥遥礼拜，难以亲往，于是等级较之昆仑下一级的五岳，在一定程度上在某些方面承担着昆仑的功能。五岳之首的泰山，尤其尊荣。秦始皇登位之初，亲来朝拜，并封泰山为“上大夫”。“泰山封禅”遂成为中国封建帝国一大盛典。有好些皇帝继秦始皇后，前来泰山宣示王权的威风。

三

五岳是道教名山，五岳所崇奉的五帝，均为道教的神祇；有意思的是，佛教也喜欢依名山而居。四大佛教名山也称得上山中的伟丈夫。

我在想，为什么王权、神权都特别青睐山，特别是昆仑山、泰山这样雄伟的大山？

有一天我从河西走廊经过，在火车上，远眺白雪皑皑的祁连山，似有所感悟了。那祁连山高接云天，且绵亘不绝，其气象真可说得上肃穆威严。我知道，昆仑紧连着祁连，而且它只会比祁连更雄伟，更高大，更庄严。我虽不能一睹昆仑的风貌，但祁连的气派应近似于昆仑。也许正是祁连这种不可一世的气派、高接云天的尊严，使得昆仑、泰山这样的高山成为王权、神权的象征。

挺拔、坚强、庄重、威严，是山的基本的品格，也是男子汉应具有的品格！如山一般的男子汉，在中国历史上实在是很多，很多。尧、舜、禹、周文王、周武王、周公、孔子、孟子、嬴政、刘邦、项羽、霍去病、李世民、岳飞、文天祥、朱元璋、康熙、孙中山、毛泽东、鲁迅……他们就好比纵横在中国大地上的崇山峻岭，顶起中华民族的脊梁。正是他们，还有千百万在他们领导下的人民，在中国这块土地上演出了一幕幕威武雄壮的活剧，推动中国历史的发展。

我敬仰山！

四

对山的敬仰是以对困难的克服为代价的。我听说，以前去南岳衡山进香是走着去的，路远的要走上一两个月。到了南岳，还得几步一拜地上山。了不得的南岳进香人！也许这种行动现在不值得效法，但是，我想重要的其实不在这种行动，而在这种藏在行动深处的虔诚。正是这种虔诚说明他们是真正崇拜南岳的。

我去朝拜泰山，是不会去坐缆车的，我要爬山。当我在泰山的石磴，一级一级地步履时，我仿佛感受到了泰山强劲的心跳，这心跳传到我的腿上，由腿波及到我的全身。爬山，当然会疲劳，会累，远没有坐缆车那样的轻松，潇洒，但只有在与泰山这种体对体的触摸中，我才真正感受到泰山的伟大，也才体悟到什么是真正的男子汉。

爬上山顶后的感觉也许是最为美妙的。爬山前，我在泰山脚下仰望泰山，云雾中的泰山，是那样的神奇、高大、威严、磅礴，我当时的感觉是敬仰中夹有陌生，夹有畏惧，夹有对立，夹有抗衡。而当我终于一步一步丈量过登山的石梯而立在泰山之巅时，泰山对我不再陌生，不再对立，我对它也不再畏惧，也无须抗衡。我熟悉了泰山，亲和了泰山。我觉得自己就是泰山，泰山就是我。这是一种难以表达的愉快。

五

我敬仰山，不只在它的高大坚强，更在它的博大雄浑——这是大山的胸怀。

大山的胸怀只有在大山中才能体悟。你去过神农架吗？我喜欢神农架，我认为神农架的魅力不只是它有野人出没的传说，也不只是它作为原始森林的神秘，我认为它最大的魅力是博大。当我在神农架燕天垭的石洞寻觅金丝燕的踪迹时，我想到去年访问马来西亚砂拉越州尼亚古洞的情景，那座曾经为原始人居住过的古洞一直是金丝燕的家园。不是任何洞都可以让金丝燕安家的，它只能安在靠海的悬空峭壁上，也不是任何海边的山洞都有金丝燕出没，它需要一定的气候，一定的湿度。我当然无比惊讶，这距大海如此遥远的内陆，竟有金丝燕的家。这说明神农架原本是紧连着大海的，而现在仍保持远古时与大海相连时的温度、湿度，所以金丝燕仍然觉得这是它们温馨的家。神农架不是一座山，而是方圆数百里的大山，莽苍苍一片青翠，当我站在跨山的大桥上，远望一座座山头时，我在想，谁能说得尽这深山老林中的秘密。这神农架毕竟还有许多地方是人没有涉足过的。我坐车登上过神农架一座山的山顶。我发现自下而上，这山的景色有许多变化。到了山顶树木少了,但那一人多高的大片草地让人感到分外的惊喜。我们在草地上打滚,与柔软的青草亲吻。神农架一年四季颜色不一。我们去的时候是春天,绿色为主。这本来是够美丽的了,但神农架管理区的朋友说,其实最美丽的还是秋季。秋天,满山红叶,夹着金黄、苍翠,阳光下,要多美有多美。晚上,我在神农架歇宿,睡不着,出门看大山,一座座山峰仿佛就贴在我的身边,巍巍然犹如顶天立地的神将;不知什么动物的叫声隐隐传来,诡谲奇警;天空似乎更高了,星星似乎更冷了。我感到恐怖、神秘,然恐怖神秘中又藏着温馨与欣喜。

在神农架,我更多地品味的就是神农架的这种博大。博大,多么好的品格!博大意味着丰富,意味着厚道,意味着宽容,意味着温和。《周易》说大地的品格是“直方大”,这种“直方大”的胸襟是最为令人敬佩的,《易传》云:“地势坤,君子以厚德载物。”在神农架,我真正领悟到“厚德载物”了。

其实不独神农架,凡山都有博大的品格。孔子说,仁者乐山,这仁,最为重要的就是诚。诚,重在真挚,重在朴厚,重在宽容。

陶渊明是爱山的。“采菊东篱下,悠然见南山。”①老先生以一种达观的态度打量南山,悠悠然,何等的悠闲,何等的亲和!他在与南山对话,与南山聊天。南山融进了先生,而先生也融进了南山。

当雄伟的大山在你的审美中化成了如此乖乖的朋友,不,情

---

① 陶渊明:《饮酒·其五》。

人，那么，大山的阳刚之气就化为一股轻柔之气悄然进入你的心灵，你的躯体，你其实在不知不觉之中变成了高大，变成了阳刚，变成了大山。

啊，男人是山！

男人是山，女人是水(中)

一

杭州是一座女儿城，或者说“love”城，注意不是“lover”。

杭州的魅力在哪里？在西湖。西湖的美艳天下文人可谓写绝了。在比西湖水还要多的那些篇什中，无疑，位列“三甲”之首的是苏轼的《饮湖上初晴后雨》。它之所以天下第一，是因为它最为准确、最为美妙地将西湖比为中国第一美女西施。

这正是人人心中都有，但直到苏东坡还

是人人口中都无的绝妙的比喻。是啊，西子，这位青春靓丽的越国女儿，要多美有多美，岂止是浓妆淡抹，就是素面朝君，那种透人心肺的青春气息，也直叫人迷醉。在西湖边生活多年，我差不多观赏过西湖的各种面目，我觉得这位女儿什么样的面孔都好看，即使是大雨倾盆西湖发怒的时候，也自有一种特别的娇美。

在人们的审美经验中，朦胧有特殊的地位，而朦胧之美湖景最多，这正如女儿的美一样，它需要一个恰当的距离去看。稍远一点不要紧，不能太近。即使是肤白如玉，近睹也会发现瑕疵的。

西湖的朦胧美，也有很多形态，雨雾是一种。一阵风起，卷来几朵乌云，豆大的雨点密集而下，西湖的水顿时跳起一串串珍珠，一种特别的清凉拂面而过。水模糊了，山模糊了，楼模糊了，人模糊了……你进入了一种空蒙的境界，一种庄子讲的"混沌"的境界，"无"的境界，"道"的境界，此时，心倒是突然澄明了。

晨曦、黄昏是另一种美。我特别爱晨曦中的那种朦胧，它逗起我无限的审美渴望与期待。我凝神地观看西湖上的晨雾如何慢慢地消散，那天边微微的亮光越来越亮，如何将一张美丽的脸孔慢慢地洗净扮靓，然后整个地托出。那种感受非常的好。当西湖朗然在目时，简直就像一位莹洁靓丽的少女立在我的面前，我已经忘记自己的存在了。

我这是在说西湖的美，其实，这些美凡湖景，不，凡水景都具有。与山景比起来，水景表面上似平易，但水景最多变化，最神秘，最温柔，也最可怕。前面我说的是在西湖遇雨，那是不用担心安全的，因而你可以将雨景看成仙界，然而，若在大海或者长江遇上暴雨，那就有些不妙了，怎样的"心理距离"也不管用。

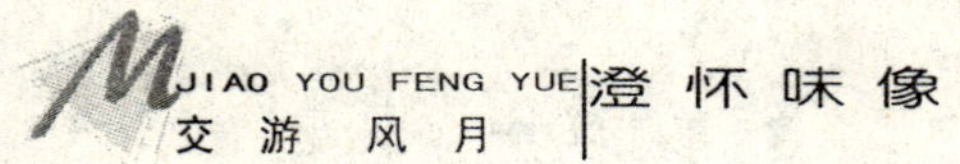

这是不是有点像女人？

二

当然，水景还是可爱多于可怕。不然，人们就不会这样贪恋它了。细细地区分一下人们对山与水的审美感受，就会发现，山更多地与敬相联系，而水更多地与爱相联系。敬更多的是伦理意义上的，而爱却是纯粹的审美态度。

爱是美的精灵。不懂得爱就不懂得美，只有享受了爱才享受了美。

我说杭州是一座爱城，而且说这爱不是“lover”而是“love”，因为“lover”指的是男情人，“love”指的是女情人。杭州是女儿城，自然，它充满着女孩的情、女孩的爱了。杭州的爱尽在一湖之中。西湖荡漾的是一湖胭脂水，在这里，有过多少风花雪月的佳话；但是西湖荡漾的也是一池女儿泪，这里又有过多少令人感叹、令人辛酸的故事。去读读冯梦龙写的小说吧，多少故事发生在杭州的西湖之上。

古罗马著名诗人奥维德写了一部《爱经》。戴望舒将它译成了中文，译笔真个是好，不愧是写过《雨巷》的著名诗人，他懂得女人的爱。这部书基本上是讲“爱术”的，但下面我引的这一段就超出“术”了。奥维德说：

> 爱情是一种军中的服役。懦怯的人们，退后吧，懦夫是不配保护这些旗帜的。幽夜，寒冬，远路，辛楚，烦劳，这全是在这快乐的战场上所须忍受的。……假如你要恋爱久

长,假如你没有一条安全又容易的路去会你的情妇,假如门关得紧紧地不能使你进去,好,你便爬上屋顶,由这条险路到你情人那儿去,或者从高窗上溜进去也可以。她知道了你的冒险的缘故一定会非常高兴,这就是你的爱情的确实的保证。莱盎德罗斯啊,你可以不必常常去看你的情人的;你破浪游过海水,向她保证你的情感。

这里说的莱盎德罗斯是一个美少年,他爱上了维纳斯的女司祭海罗。海罗答应让他在夜里到她那里去,清晨回去。一天,风浪甚大,莱盎德罗斯依然游泳去会她,结果溺水而亡。

奥维德说这一段话,意思是爱要有真诚付出,而且爱的道路上会有种种艰辛、痛苦乃至牺牲。由此我想到了水。其实要真正领略水的美妙还是游泳。人有爱水的天性。才出世的婴儿都喜欢在水中嬉戏。不必细叙在水中游泳的那种甜美舒畅的滋味,也不必描述潜入水中与鱼儿水草亲近的那份乐趣,更不必细说仰面朝天看白云苍狗、飞鸟掠空的快感,因为这些比之实际的感受都显得苍白,最好的方式就是去过把瘾。

三

我出生在资江边的一个小镇,那条江在我印象中是最美的一条江。小时候,我的快事之一就是随妈妈去江边洗衣,这样,我就可以打着赤脚戏水,捉游鱼。水最多只能平膝盖,稍微深一点,母亲就不允许了。当然最让孩时的我快乐的还是游泳,那当然只能是瞒着母亲的。在江中特别是家乡的江中游泳,其乐趣是游泳池无法比拟的。不过,它的确也危险。有一次我差点被淹死了。这件事一直瞒着母亲,直到今天。

说到游泳,1985 年我游览敦煌附近的阳关,在天池有过另样的游泳体验。天池据说出过天马,有人将天马送给雄才大略的汉武帝。天池的水绿得发蓝,水草高过人头。我斗胆下水了。依然是清凉,依然是舒畅,但是,我没有孩时戏水那种单纯的快乐。我缓缓地游着,思接远古,心驰千载。我似觉得我与大自然是如此的亲近,与历史是那样的亲近,我融进大自然中去了,融进历史中去了。

是的,欣赏水景与欣赏山景有很大的不同,乍一见山,特别是那种奇怪的大山,总是觉得它在向我呲牙咧嘴;而一见水,总是觉得它在向我微笑,在向我招手。于是,忍不住要接近它。那种感觉就好像一位美丽的女子在向我发出微妙的信息。

品赏水景,当然游泳不是主要的方式,成年的我其实也极少去游泳了,但泛舟却是不可少的。泛舟的感觉是美妙的。它不仅常给人情人般的或母亲般的温暖,而且常能让人有哲理的感悟。苏轼与朋友夜泛赤壁,云:"纵一苇之所如,凌万顷之茫然,浩浩乎如冯虚御风,而不知其所止,飘飘乎如遗世而独立,羽化而登仙。"①

当然,我们也不必去追求什么,一切都是自然的,一切都是尽兴的。兴尽最好。我曾在芬兰参加一个名曰"非视觉的美学"的小型国际会议,一共才十来个人,会场及住地在一座森林的小别墅里。住处旁有一面大湖。会议组织我们去划船,完全

---

① 苏轼:《前赤壁赋》。

是欧洲式的划法，七八个人一条船，整齐的划桨动作，让人感到集体的力量。当见到船头激起一股股浪花，飞速前进时，我竟觉得那可爱的湖水成了我们征服的对象。这别是一种感觉，也很美。

四

我在想：我们现在的学科中之所以有“美学”，是因为我们人类有爱美的天性，我们之所以有爱美的天性，是因为我们的来源及生活环境——大自然是美的。大自然之所以是美的，是因为它有山，有水，有天空，有太阳，有月亮，有动物，有植物……正是它们奇妙的组合与运动造就了这个世界的美。在这一切创造美的因素中，水最为重要。

我们这个地球最多的不是山，而是水。严格来说，地球应称为水球。太阳系的星球多矣，然目前所知，惟地球有生命，而地球之所以有生命，是因为它有水。其实水才是生命之源。

不必多说水对生命有多么的重要，这已经成为常识。我感到特别有意思的是，在中国古代的神话中，说人是一位名曰女娲的老祖母用泥土做出来的，为什么是老祖母，而不是老祖父呢？也许因为人都是女人生的这个缘故吧。人类早期都有过母系氏族社会，也都有过女性崇拜。东西方都如此。中国最古老的哲学书《周易》讲的哲学其实就两个字：阴阳。《易传》云：“易以道阴阳。”然为什么要将“阴”放在“阳”的前面呢？似乎没有人说过。我想这很可能与中国古代这种女性崇拜有关。

女性崇拜又与水崇拜有密切关系，将这两种崇拜冶为一炉的是老子。他说:“谷神不死,是谓玄牝,玄牝之门,是谓天地根。绵绵若存,用之不勤。”①这里讲的“玄牝”就是女阴。老子又说:“上善若水,水善利万物而不争,处众人之所恶,故几于道。”②“江海之所以能为百谷王者,以其善下之,故能为百谷王。”③实际上,“玄牝”与“水”相当。江海与玄牝都是生命之门。女性崇拜与水崇拜在同为生命之本这一点上是相通的。

水不仅是生命之本,也是自然美之源。穿行在号称天下幽的青城山,触目皆是绿得发亮、绿得淌水的树林,连空气似乎也都染上了绿色,吸一口,凉丝丝的,甜津津的。这山的美,其实就在这一身绿衣裳,而这绿就来自水。没有水,就没有山之绿,花之香,果之硕,就没有了大地之斑斓,没有了彩虹之绚丽。不管怎样高地评价水在创造美上的贡献都不过分。

五

水是情感的化身,是可爱的女儿;水也是智慧的化身,是聪颖的智者。贾宝玉说男人是泥做的,女儿是水做的。大概既因为女儿可爱,又因为女儿聪慧吧。

女儿是多愁善感的,《红楼梦》中的林黛玉兼可爱、聪慧及多愁善感于一身。当然,世界上可爱的、聪慧的、多愁善感的不只是女儿,男人中也有。可不,即使是孔老夫子也有伤感。他虽

---

① 《老子·六章》
② 《老子·八章》
③ 《老子·六十六章》

然也向往在沂水边“风乎舞雩”的快乐，但在黄河边观水时却发出这样的感叹：“逝者如斯夫，不舍昼夜。”老人的心为何如此忧伤？这都是由水引起的。是啊，水就这样永不停歇地流着，过去了，永远过去了。任何一个当下时刻都即将成为历史。生命也是如此啊！“年年岁岁花相似，岁岁年年人不同。”“滚滚长江东逝水，浪花淘尽英雄。”个体生命可不能与水相比，它是有限的，因而“渺沧海之一粟，哀吾生之须臾”也不是什么消极的感情，即使是达观的苏轼，也不能否定这一点，在与朋友畅游赤壁，缅怀一番三国周郎之后，不无自我解嘲地说：“故国神游，多情应笑我，早生华发。人生如梦，一樽还酹江月。”

不知何故，我想起了红颜。

男人是山，女人是水（下）

一

男人的魅力在于女人的关爱，女人的美丽在于男人的呵护。山水也一样。水是山之灵，山是水之魄。有山无水不精神，有水无山欠气概。风景之美正在于山与水的绝妙组合。

说杭州美在水，其实并不准确，杭州诚然以西湖闻名，但西湖之美却在四周远远近近的山。西湖三面环山，一面临城。这种地理环境得天独厚，东湖未有，太湖未有，巢湖未有，鄱阳湖也未有。

杭州湖畔居品茶，奇绝处在于赏景。坐在临湖敞口茶厅，沏上一壶龙井，茶香氤氲中，凭栏眺望西湖。西湖就像一面明镜镶嵌在碧玉之中，这时，你才觉得，正是这环湖的山众星拱月般将西湖女儿俏丽的脸蛋托了出来。有山，就有云气，有烟岚，于是，山色空濛，云霓明灭，动静相映，变幻不居……西子姑娘千变万化的美丽与神秘尽在这山色之中。

没有男人的爱慕，哪有女人的美丽！没有这样多的山呵护着西湖，哪有西湖绝代的妖娆！

二

杭州的山水是有章法的。湖为主，山为辅；湖因山而秀，山因湖而丽，在相得益彰中，各擅胜场。桂林的山水也是有章法的，但那是另一种章法。桂林是平地，平地拔起多座青山，山不高，浑圆可爱，或如清纯之少女，或如饮江之大象，或如叠彩之锦楼。漓江，弯曲地穿城而过，将这风姿各一的青山串起来，于是这部华采乐章就有了主旋律，有了多声部，那散落在各处的山峰就成了一朵朵跳动的音符。一曲令人如醉如痴的交响乐就这样在八桂大地奏起。

我去过广西很多地方，桂林那种山见过不少，然而没有一处山水比得过桂林。说起来，漓江功不可没。城市有条江从中穿过，那是这座城市的福分。这条江通常成为这座城的灵魂。水在自然风景中的作用，无论怎样评价都不过分。没有水，谈不上风景。在风景区中，哪怕是一条小小的山溪，都会给人一份欣喜,不仅它的活泼灵动创造出无穷的妙趣,而且它的足迹往往担当起串景、引景的作用。这正如一个家,实际的家长总是女人。没有女人,家就散了,有个女人,哪怕是个老太太或是个女孩子,这个家就可能给组织起来了。女人在社会组织中实际上成为向心力与凝聚力的源头。

国家森林公园张家界以山景闻名,其山也系平地拔起,不过,不是桂林那种如小后生般清秀可喜的山,而是状如巨灵神,雄姿挺拔,使人敬畏的山。方圆近百里的张家界有点像大盆地,四周是绵亘的山脉,盆地中满是插天的奇峰,好比种了一盆水仙。表面看,这盆中的山峰似有些乱,不过,在杂乱中乃见出整一。景区中的金鞭岩,其山绵延成带,形成一条大峡谷。张家界有名的奇峰多在这条峡谷中,在金鞭岩的大峡谷中,有那么一条溪流在哗哗地流着。正是有了这溪,使得号称"山中钟馗"的张家界不仅有了几分清新与妩媚,而且整个一条山谷的景观给串起来了。1985 年,我曾经陪著名的美学家王朝闻先生游过金鞭溪。王先生特别喜欢这条粗野的山溪。金鞭溪没有规整的河道,只是由高向低曲折地流着,或舒缓,或急湍,狭窄处水流隐在草丛深处,广阔处竟形成一片河滩,途中也形成几处小瀑布。溪中时见游鱼,翻开水中石块,还能偶然发现螃蟹。我们沿溪行,涉浅滩,过跳石,一路水声盈耳,不时观赏奇峰,一点也不觉得累。我们终于到了一个名叫"水绕四门"的地方,金鞭溪在此打个弯,万分留恋似地向这条峡谷告别,它就要汇入另一条较大的溪流了,而金鞭岩峡谷也到此为止。我与王先生在此停了下来,讨论这条峡谷的美。我们当然都非常欣赏这条峡谷的奇峰,但是,我们也很喜欢这条溪。王老比我深刻,他说,其实,这条峡谷美就美在这条溪。

是应该感谢这条溪，它将过于刚强、伟岸甚至有些丑陋的山峰柔化了，美化了；同时也应感谢这顶天立地的奇峰，是它们给了这条似乎过于柔弱的小溪以百折不屈的气概与傲岸的灵魂，那一路丁冬的歌声如此浑厚与雄壮！

三

金鞭溪与金鞭岩相比，的确太不起眼了。武夷山的九曲溪就不同，水量丰富，缥碧澄透。2001 年我游九曲溪，头天游过，感觉非常之好。第二天，武夷山的主人问我再游何处，我说，还是去九曲溪吧。主人感到惊讶，在我，这种经历也是首次，不只是为了尽兴，我是想对头天产生的感性印象做一次理性的鉴定。仍然坐着竹排，仍然听着渔歌，仍然一边打量山景，一边戏水，虽然这第二次的游览，没有了曾有过的那份惊喜，却多了一份理性的乐趣。我仔细打量每一景点的组合，细思着它美在何处。我发现，在这条峡谷，山景与水景的组合达到了完美的程度，比如，一面名叫晒布崖的巨大石壁，壁面有着许多竖条，状如晒布，石壁的倒影，在水中微微地晃着；伸向空中的晒布是静的，伸向水中的晒布是动的，这一动与一静构成完整的图景，何等有趣！整条九曲溪，山景与水景的组合，是一种恰到好处的郎才女貌式的结合、一种理想式的结合。南宋大儒朱熹有《九曲棹歌》十首，将九曲溪山水相映之美描绘得淋漓尽致，且看其中的之二与之三：

一曲溪边上钓船，
幔亭峰影蘸晴川。
虹桥一断无消息，
万壑千岩锁翠烟。

二曲亭亭玉女峰，
插花临水为谁容。
道人不作阳台梦，
兴入前山翠几重。

是啊，这种插花临水的美，岂是孤立的山与孤立的水能造成的！

当然，山水的组合难得如此匹配！在自然界更多的还是有主有次、有强有弱、相依相衬的妙合。人类社会也是如此，何须遍寻郎才女貌，何须苛求珠联璧合，何须去讲门当户对，只要相应、相呼、相扶、相衬就行了。《易经》云："鸣鹤在阴，其子和之；我有好爵，吾与尔靡之。"风景的美与人类社会的美，其规律是相通的，重在和谐。

四

中西哲学都讲和谐，但中国哲学最看重的是阴阳交感式的和谐。交感重在交。感与应也是交中之感，交中之应。师友是交的，夫妻更是交的。不交哪有友情，哪有爱情？哪有亲情？不少人迷惑泰卦的阴在上阳在下，殊不知正是这种格局，造成了阴阳相向而动的交感。而表面上看,似是正常的否卦,因阴气下降,阳气上升,失去了相交的可能。

交感在中国哲学重在阴中有阳,阳中有阴。《圣经》说世界上第一个女人夏娃是第一个男人亚当用自己的肋骨做的。中国最古老的神话说,世界上第一个人是女人叫女娲,她用泥土做成了很多人,包括男人,又说世界上第一对夫妻伏羲与女娲是兄妹。这些故事耐人寻味。在初民看来,男人与女人其实是血缘一体的,你中有我,我中有你。这种出自感性本能的对人的认识包含着某种科学性。一个明显的事实是:正是你中有我、我中有你的阴阳交感,才使地球上绵延着生命。

在自然山水的审美中,最为美妙的就是这种山水交感的景观。陆游诗云:“山重水复疑无路,柳暗花明又一村。”这景好就好在“山重水复”。正是山与水的这种回环往复,才导出并烘托出“柳暗花明”的美景。中国人的风水观讲“水抱山环”,认为这种地理格局是最为吉利的。读《桃花源记》最为欣赏的是:“缘溪行,忘路之远近,忽逢桃花林,夹岸数百步,中无杂树,芳草鲜美,落英缤纷。……复前行,欲穷其林,林尽水源,便得一山。山有小口,仿佛若有光,便舍船从口入,初极狭,才通人,复行数十步,豁然开朗。”这山(林)与水的一路缠绵,卿卿我我,何等地富有人情味!

不知朋友们去过湖南岳阳否?岳阳第一大自然胜景当属君山。君山是洞庭湖中的一个小岛。它的魅力就在它处湖水之中,当属水中有山,或者说阴中有阳。君山观景最佳处是山顶,或者说是面对岳阳城的那面的山坡。在这里,打量洞庭湖,远眺岳阳楼,只见水天空阔,帆影点点,名楼隐约,气象万千。如果说君山属于水中有山、阴中有阳的话，那么，峨眉山也许属山中有水、阳中有阴。峨眉山上没有湖，但山中有泉，在山上行走，不时可以发现水量充沛的山泉。那哗哗的流水给人一种满山皆动的生机。峨眉山有一亭名清音阁。阁临山泉，背倚青山。在此处听泉，好像置身于一座自然的音乐厅，水声、风声、鸟声、树叶摇动声，组成别致的交响乐。此时，身心俱化，物我两忘，飘飘然，不知人在何处。

山与水的结合魅力无穷。我想起了我们的老祖宗创造的太极图。图中阴阳两鱼，首尾相交，一条“S”形的曲线将它们分别开来，然而那黑鱼的眼睛分明是白的，而白鱼的眼睛又分明是黑的。这是阴中有阳、阳中有阴的象征。男女的奥秘在此图，山水的奥秘也在此图。

啊，山水，岂止是精致的并列，它们还是绝妙的交感！

流水之美(上)

一

人若问我,这大自然之中,何者最美,我会毫不犹豫地回答:水,而且是流水。

你有过在长江航行的经历吗?那滔滔的江水仿佛自天边涌来,浪花飞卷,涛声如雷,那磅礴的气势、霸悍的威风,直使你心潮澎湃,即使你本是弱者,也顿时生出天大的勇敢;如若心中本有若干块垒,也顿被大浪荡涤干净,直觉得胸襟开阔,与浩瀚的天地融为一体。

流水,即使是山野的涓涓细流,它也使你产生无限乐趣。流水中的卵石是那样晶莹、光滑,折射出阳光的五颜六色;流水边的小草是那样柔韧、青葱,充满蓬勃的生机;更不要说在流水中嬉戏的游鱼了,它是那样的自由愉快,让你真希望自己也化成游鱼,融进流水。

流水,它本无生命,但它孕育生命,而且它自身的形象就是生命的象征。

哪里有流水,哪里就有生命的绿意,哪里就有美的魅力。

流水,是天地自然灵气之所在。

二

少时读《论语》,对孔子所云"逝者如斯夫,不舍昼夜"缺乏体会,轻轻放过。及长,重读《论语》,每读至此,则反复咏叹,感慨系之。滔滔的江水,就是这样无语地、似有情又无情地流着、流着……正如古希腊哲学家所说,人不能两次涉足于同一河流,线性的时间亦如流水,永远只有消逝,而不会重来,生命、宝贵的生命不也表现为时间么?"冯唐易老,李广难封",难怪空怀满腔壮志而不得一展本领的孔老夫子会面临滚滚江水发出"逝者如斯夫,不舍昼夜"的浩叹!生命对于我们每个人都只有一次。生命之可贵就在其不可重复性。

我不禁想起了许多古人借流水惜时叹逝的警句格言:

悲夫!川阅水以成川,水滔滔而日变;世阅人而为世,人冉冉而行暮。①

人生瀛海内，忽如鸟过目，川上之叹逝，前修以自勖。②

驰光不流，逝川倏忽，尺日为宝，寸阴可惜。③

光阴可惜，譬诸流水，当博览机要，以济功业。④

是啊，正因为时光如流水，一去不复返，所以必当“尺日为宝”，寸惜为金，加倍努力，“以济功业”。

我突然明白了《周易》中“乾卦”“象辞”所云“天行健，君子以自强不息”的深刻含义了。我们中华民族最早从流水、从太阳等运转不息的自然形象中感悟到时间之不可逆转性，而从时间之不可逆转性又油然生发出“人当自强不息”的哲学命题。这一哲学命题已成为中华民族最可宝贵的文化精神，激励中华民族历代儿孙奋发图强，万难不屈，开拓创新。

三

单个人的生命总是有限的。人难免要为生命之短暂而感到悲伤，特别是在功业未成、壮志未遂而冉冉老矣之时。正因为此，伤逝嗟老的悲歌从古唱到今。

滚滚长江东逝水，浪花淘尽英雄，是非成败转头空，青

---

① 陆机:《叹逝赋》。

② 张协:《杂诗十首》其二。

③ 《严氏家训·勉学》。

④ 《金缕子·立言》。

山依旧在，几度夕阳红。　　白发渔樵江渚上，惯看秋月春风。一壶浊酒喜相逢，古今多少事，都付笑谈中。

明代杨慎填写的《临江仙》赢得多少人的共鸣！英雄史诗《三国志演义》将其作为卷首诗，有意让全书笼罩着一种悲观的情绪。

是啊，不能说呼风唤雨的诸葛亮神通不广大，也不能说大破曹军八十万的周瑜战功不显赫，他们都可以改写历史，但是不能改写自己的生命。

悲伤生命的短暂是可以理解的，但无济于事。雄才大略的汉武帝渴求长生不老，派徐福率三百童男三百童女跨海求不死之药，只是为历史留下了一团永远的迷雾。

伤逝，这是人类固有的悲剧情结。古往今来的种种人生哲学不都建立在这一悲剧情结基础上么？儒家的有为、入世，道家的无为、出世，佛家的空无、因缘，说到底都是试图解开这个其实永远也解不开的悲剧情结。

四

苏轼不愧是伟大的文学家、哲学家，他对伤逝的化解至今还给我们以可贵的启示：

月夜，苏轼与客人泛舟于长江，此江面正是当年周瑜大破曹操的地方。江山依旧，人事全非，英雄何在？客人悲从中来，喟然长叹："寄蜉游于天地，渺沧海之一粟。哀吾生之须臾，羡长江之无穷。"苏轼则泰然处之，说："客亦知夫水与月乎？逝者如斯,而未尝往也;盈虚者如彼,而卒莫消长也。盖将自其变者而观之,则天地曾不能以一瞬;自其不变者而观之,则物与我皆无尽也,而又何羡乎?”①

说得好!其实所谓有限与无限,看你是从哪个角度去理解。从变的观点看,天地万物皆在变,不要说今日之人非昨日之人,今日之水与月也非昨日之水与月,天下哪有永恒不变的事物呢?然而从不变的观点看,天地无尽,我们人类的生命也是无尽的啊!

君不见,这滔滔的长江水,前浪未逝,后浪又起。

君不见,旧叶未落,新芽已萌。

自然是这样,人类的生命也是这样。

将个体生命之流融入人类的生命之河,将人类的消长化入大自然的变迁,那么,天地永恒,你也就永恒。

既如此,有什么值得悲伤的呢?某种机缘和合,让你来到人间,那么,你不只是这个世界的过客,也是这个世界的主人。既尽力于事业,也尽情于生活,切莫辜负这可贵的生命,切莫辜负这“江上的清风”、“山间的明月”就是了。

苏夫子,你说得太好了,我赞同您!

流水,你是我们人类生命之警钟!

五

贾宝玉说:女人是水做的。说得真妙!

---

① 苏轼:《前赤壁赋》。

是的，女孩的那份清纯、那种柔媚不很像水么？

苏轼写了很多好诗，留传下许多脍炙人口的佳句，其中最为人称道的是："欲把西湖比西子，淡妆浓抹总相宜。"这，倒过来是说，西子可以比做西湖。

"心有灵犀一点通。"这"一点"道出了天地自然与人类社会的真谛。

六

我出生在资江与夫夷水会合之处的一座小山城。家门口就是清亮的夫夷水。我很喜爱这条江，曾多次在这条江上航行过。我认为它的美绝不下于漓江。每次坐船，我都长时间地坐在船头，贪享江上的清风、江畔的青山、江中的倒影。

在我的眼中，那江仿佛有灵性似的，那样的聪明，那样的活泼，那样的善变。你看，在平缓处，它是那样的舒展，静若处子，温柔旖旎；而遇到险峻的石山，它又善于灵活地改变自己的流向，傍着石山弯曲地流过。它本单调，但将天空、四周的万千景象全纳入江中，使之婀娜多姿，丰满艳丽；它本无色，但仰借阳光，变幻出五颜六色；它本无形，但妙用地势，腾波起浪，飞花吐沫；它本无声，但巧借风雨和其他自然条件，弹奏出天地间第一等乐章。

笔者有幸，在杭州西湖边工作过多年。

西湖之美全在一池碧琉璃的水，游西湖最惬意的莫过于荡舟了。不是坐那种雕梁画栋的高大楼船，而是坐一叶扁舟，虽然有桨，但不妨偶用手划，那水的清凉点点滴滴地沁人肺腑，此时你只觉得你的那颗心融化了，你的身融化了，融进这清亮的水中，融进水的白云之中，融进白云所飘浮的浩荡青冥之中，融进宇宙自然之中……

七

水是柔的，但是如果你认为水无力、无能，那就大错特错了。

君见过黄河泛滥、席卷天下的气势么？君见过钱江大潮、状如万马奔腾的雄威么？君见过滴水穿石、无坚不摧的韧性么？君见过溶洞那美妙无比的钟乳石、石笋、石花么？那都是流水的杰作！

“天下莫柔弱于水，而攻坚强者莫之能胜”①。

的确如此！

八

柔不只是一种伟力，而且是一种很高的境界。

君读过《庄子》中的《庖丁解牛》的故事吗？那位庖丁挥舞尖利的刀在牛的骨头缝隙中运行，“恢恢乎其游刃有余”，何等的潇洒，何等的自由！这是什么？是道，是艺，是美，是妙，也是柔啊！

庖丁解牛，那把刀用了多年，其刃如新，然要练出这等本事，达到如此境界，折损的刀何止十把、百把！

---

① 《老子·七十八章》。

百炼钢化为绕指柔！

百炼钢就能化为绕指柔吗？也未必。“运用之妙，存乎一心。”重要的还是要善于用心。善于用心，方可悟道，方可臻美，方可入妙，方可化柔。

柔极如无，灵极如空的水啊，是谁将你调化成如此的美妙绝伦？

九

柔与刚、弱与强乃至一切矛盾对立的事物，其各自的地位都不是一成不变的，而是可变的。它们在一定条件下与对方构成矛盾的统一体，又在一定条件下，向对方转化。

人的一生都难免有弱小、被动、困难、落后的时候，但都可望由弱小转为强大，由被动转为主动，化困难为顺利，化落后为先进。

在武汉大学校园我看到过的一则学生贴的迎新标语：“莫欺少年一时贫”。我知道这是从古书上抄录下来的一句格言。学生用这句话来激励自己，很有可取之处。欺贫诚然是不可的，但最重要的是自己的上进，也就是自己不欺自己。

十

流水由弱而强，需要的是力量的积蓄和某种特殊的地理或天文的条件，人生的化弱为强也同样如此。

《易经》中有坎卦，是由两个坎重叠而成的，坎是水，象征险陷，两坎相重叫“习坎”。卦辞曰：“习坎，有孚，维心亨，行有尚。”《彖传》解释道：“习坎，重险也，水流而不盈，行险而不失其信，维心亨，乃以刚中也；行有尚，往有功也。”意思是说：重重险陷，像水流进险穴而不见盈满。行走在险陷之中，如内心能够把握住自己，不失去克服困难的信心，保持那份阳刚之气，就能克服困难、赢得成功。

说得好！困难是暂时的，只要条件一变，困难就化解了。不是吗？与坎卦相临的下一个卦为涣卦，涣卦下为坎，坎为水；上为巽，巽为风。涣卦与坎卦之不同仅在上爻。坎卦的上爻是阴爻，涣卦的上爻为阳爻。这一变，事物的性质就发生了根本性的变化。坎卦的含义是重重险陷，涣卦的含义则是风行水上、一帆风顺。可见，条件一变就全变了。

《易经》中的坎卦与涣卦说的不就是流水的哲理么？

流水，你是柔弱者的胜利女神！

流水之美(下)

一

子曰:知者乐水,仁者乐山。①

水之乐首先在于它的千变万化。它没有固定的形状,在什么容器里盛着就呈什么形状。它可静,可动,可柔,可刚。如果是野地的水,是溪,是河,是湖,是海,其变化就更多了。水,不仅是它所处的地理环境对它的种种变化有着重大的影响,而且天文气象,诸如

① 《论语·雍也》。

日月星辰、风雨雷电、朝霞暮霭都给它增添无限的魅力。

明代大作家袁宏道这样生动地描绘过水的千变万化:

> 天下之物,莫文于水。突然而趋,忽然而折,天回云昏,顷刻不知其几千里。细则为罗縠,旋则为虎眼……矫而为龙,喷而为雾,吸而为风,怒而为霆。疾徐舒蹙,奔跃万状。故天下之至奇至变者,水也。①

写过《水浒后传》的陈忱,对水受自然人文诸种条件的影响而千姿百态、美不胜收的景象又另有一番动人的描绘:

> 尝论夫水:发源之时,仅可滥觞;渐而为溪,为涧,为江,为湖,汪洋巨浸而放乎四海。当其冲决,怀山襄陵,莫可御遇,真为至神至勇也!及其恬静,浴日沐月,澄霞吹练,鸥凫浮于上,鱼龙潜于中,渔歌拥枻,越女采莲,又为至文至弱矣!②

水的至奇至变的品格,使人首先想到的就是智慧,智慧的突出特点不就是灵活善变吗?所以孔子说"知者乐水"。

二

"知者乐水"不仅是中国美学,而且也是中国哲学的重要命

---

① 袁宏道:《文漪堂记》。
② 陈忱:《水浒后传·原序》。

题。孟子、荀子及汉代的刘向等许多重要的哲学家都一再申发这个命题。

《说苑·杂言》说:智慧的人为什么喜欢水呢?原因是:

> 流水源泉充足,不分昼夜,滔滔奔流,真可谓力量强大,世所无匹;流水沿着适宜它的河床奔流,小溪小涧尽管纳入,真乃是胸怀开阔、处事公平;流水自高向下流,好像礼贤下士的君子;流水穿过千山万壑,奔腾向前毫不迟疑,好像万难不屈的勇士;流水洗涤万物,荡除污垢,好像善于教化的贤者;流水养育万物,万物得之则生,失之则死,真正是大仁大德;流水涵盖一切,浩浩茫茫,深不可测,好像是神圣伟大的圣人。天地因有了流水而充满生机,国家因有了流水品格的圣贤才得以繁荣昌盛。(据原文大意翻译)

这段话可说是对流水的意义阐述得极为充分的了。流水,在古代大知识分子的心目中已经不只是聪明、智慧的象征,还成为了多种崇高品德的象征。这样,流水就成为中国士大夫的一种"理想人格"的象征。

三

禅宗是中国化的佛教。禅宗的法师在阐说禅理时最喜欢用水与月做比喻。唐代玄觉禅师在《永嘉证道歌》中说:一性圆通一切性,一法遍含一切法,一月普现一切水,一切水月一月摄。

在禅宗的公案中,单独用流水或用流水与别的事物配合为喻论道颇为多见。比如：

鼎州梁山缘观禅师，僧问："如何是和尚家风?"师曰："益阳水急鱼行涩，白鹿松高鸟泊难。"①

因僧问我西来意，我话居山七八年。草履祇栽三个耳，麻衣曾补两番肩。东庵每见西庵雪，下涧长流上涧泉。半夜白云消散后，一轮明月到床前。②

曰："恁么则闻钟持钵，日上栏干"师曰："鱼跃千江水，龙腾万里云。"……良久曰："水流千派月，山锁一溪云。"③

流水，以它灵秀多变的形象蕴涵着多么丰富的文化内容，禅宗从中所看到的又是另一个充满禅理机趣的世界。

四

中华民族是以龙作为图腾的。龙是中华民族的象征，而龙又与水关系密切。古籍称"龙，水物也。"④"蛟龙，水虫之神者

① 《五灯会元》卷第十四"梁山缘观禅师"。

② 《五灯会元》卷十五"泐潭灵澄散圣"。

③ 《五灯会元》卷十五"资圣盛勤禅师"。

④ 《左传》昭公二十九年。

也。"①

作为"水虫之神",龙的作用是司水。龙初时大概是掌管江河湖海的水神,神话中的龙王就住在大海中或大湖之中。由于地上的水都是天上的水降落的,所以龙又成了掌管雨的神。雨又与云有关系,故龙飞动时总有云气相随。"螣蛇游雾,飞龙乘云。"②龙是很威猛的,它翻江倒海,吞云吐雾,摇山撼岳,"欲小则化为蚕蠋,欲大则藏于天下,欲上则凌于云气,欲下则入于清泉,变化无日,上下无时。"③

众所周知,龙是中华民族的图腾,在华人心目中,龙是无比伟大的,但龙之伟大不是水养育的么?

水是龙世界,云为凤家乡。

五

我很同意意大利哲学家维柯的一个观点,"文化从水开始,人先感到水的需要,然后才感到火的需要"④。

作为以农业为生存命脉的中华民族对水尤其有特殊的感情,既爱它,又怕它,既不可一日缺乏它,又不能让它过多以至于泛滥成灾。

中国古代最多治水的神话传说,当然,最有名的当属大禹治水的故事。中国大地现在的河流走向大都与大禹治水有关,有

① 《管子·形势解》。
② 《慎子·威德》。
③ 《管子·水地》。
④ [意大利]维柯:《新科学》,人民文学出版社 1986 年版,第 159 页。

关大禹治水的事迹极大地美化了祖国的山川河流。著名的砥柱山就是大禹治理黄河时凿山导水留下的纪念物。砥柱山原屹立于黄河之中,阻挡河水,大禹凿山,导出三道河水,俗称三门,即神门、鬼门、人门。鬼门右侧有一狮子头似的小岛,据说是大禹的看河狮子,它怒吼一声,河水就倒流三丈。如此美好的传说,怎不令山河增色,游人神往呢?

水,人类文明之摇篮。

水,华夏民族之命脉。

六

我们中华民族向来将黄河、长江看做我们民族精神的象征。黄河、长江不仅以其乳汁哺育了我们,而且以其奔腾入海、万难不屈的顽强精神和威猛气势激励着我们。李大钊先生说得好:

> 一条浩浩荡荡的长江大河,有时流到很宽阔的境界,平原无际,一泻万里;有时流到很逼狭的境界,两岸丛山叠岭,绝壁断崖,江河流于其间,曲折回环,极其险峻。民族生命的进展其经历,亦复如是……我们的扬子江、黄河可以代表我们的民族精神,扬子江及黄河遇见沙漠,遇见山峡都是浩浩荡荡的向前流过去,以成其浊流滚滚,一泻万里的魄势。目前的艰难境界,哪能阻折我们民族生命的前进!①

① 李大钊:《艰难的国运与雄健的国民》,《李大钊全集》第4卷,河北教育出版社1999年版,第312页。

七

在自然景观中,水之景观尤为令人喜爱,漓江的澄碧、倒影倾倒多少游客,长江、黄河的雄伟气势更是令人无比神往,就是寻常的江河溪涧也足以让人流连。张志和诗云:"西塞山前白鹭飞,桃花流水鳜鱼肥。"①韦庄诗亦云:"春水碧于天,画船听雨眠。"②

春天的江水,水量充沛,生机勃勃,充满青春的情调。那么,秋天呢?秋天的江水也是很美的,不过那是另一种美,明静、恬静的美。王安石诗云:"登临送目,正故国晚秋,天气初肃,千里澄江如练,翠峰如簇。"

王勃有句:"落霞与孤骛齐飞,秋水共长天一色。"③好个秋江,它让人联想到人生的一种境界——澄明,高远,深沉,透脱。

八

小时读《诗经》,很喜欢《溱洧》一首:

> 溱与洧,方涣涣兮,士与女,方秉兰兮。女曰:"观乎?"

---

① 张志和:《渔歌子[西塞山前]》。

② 韦庄:《菩萨蛮》。

③ 王勃:《秋日登洪府滕王阁饯别序》。

士曰:“既且。”“且往观乎?洧之外,洵訏且乐。”维士与女,伊其相谑,赠之以芍药。

溱与洧,浏其清矣,士与女,殷其盈矣。女曰:“观乎?”士曰:“既且。”“且往观乎?洧之外,洵訏且乐。”维士与女,伊其相谑,赠之以芍药。

这是一首男女爱情诗,描绘的是一对恋人去溱水、洧水边游春的欢乐情景。每读之,脑海中就浮现出春水盛涨、桃红柳绿、游人如云的美丽图像,耳畔仿佛响起青年男女亲昵的逗乐声和欢快的笑声。虽然此诗不是专门描绘流水之美的,但作为背景的溱、洧二水之美已足以令我心醉。

人天然地爱水、乐水,婴儿呱呱落地就特别喜欢玩水。孔老夫子对水也情有独钟,他与学生讨论立志,对子路、冉求、公西华三位学生大谈治国安邦的志向竟然不感兴趣,而当曾皙说他的人生理想是“暮春乎,春服既成,冠者五六人,童子六七人,浴乎沂,风乎舞雩,咏而归”时却非常赞赏,喟然叹曰:“吾与点也。”

请注意,曾皙谈在沂水中洗澡。不管在这里该怎样灵活地理解孔子的思想,反正,游泳在孔子是很富有乐趣的了。

细想,也是,青年时代的毛泽东就特别喜欢中流击水,他写道:

自信人生二百年,会当水击三千里!①

---

① 《毛泽东诗词全编》,湖北教育出版社1993年版,第13~14页。

九

人们爱水，不仅将它当做欣赏的对象、游玩的伙伴，而且将它当做知己、亲人，将满腹的柔情寄托于它，倾诉于它。

在古人的诗篇中，"临水送别"可说是一个母题了。诗人们常将心中那种难以排遣的离情别绪比做流水。"请君试问东流水，别意与之谁短长？"①"离愁渐远渐无穷，迢迢不断如春水。"②

同样，对恋人、朋友的怀念和对重逢的盼望，诗人们也常寄托于流水。

白居易《长相思啊》诗云：

汴水流，泗水流，流到瓜州古渡头，吴山点点愁。
思悠悠，恨悠悠，恨到何时方始休，月明人倚楼。

晏殊《清平乐》词云：

红笺小字，说尽平生意。鸿雁在云鱼在水，惆怅此情难寄。　　斜阳独倚西楼，遥山恰对帘钩。人面不知何处，绿波依旧东流。

① 李白：《金陵酒肆留别》。
② 欧阳修：《踏莎行》。

两诗皆借水写思情，但写法不同，前诗用水流不尽比喻思情不尽，极言思念之深；后诗则用水流如旧反衬人事更替，烘托失恋之痛。

在笔者所见到的以水喻离情别绪的作品中，水与情浑然一体、不露痕迹的当首推温庭筠的《梦江南》了。温诗云：

梳洗罢，独倚望江楼。过尽千帆皆不是，斜晖脉脉水悠悠，肠断白苹洲。

这里并没有明确地以水喻离愁，但愁尽在水中，这浴着脉脉斜晖的一江流水皆是离愁，皆是思情。

十

也许是因为流水格外的温柔可人，也许是因为涛声亦如人声之呜咽，也许是按照格式塔心理学理论，“流水”与“愁”、“恨”这类心理活动，其张力异质同构，我们的古人特别喜欢借“流水”来倾诉，来寄托“愁”与“恨”这类消极的情感。

做了俘虏的南唐李后主做了不少怀念家国的词作，在这些词作中，“流水”可说是一个基本的意象：“问君能有几多愁，恰似一江春水向东流。”①“自是人生长恨水长东。”②“独自莫凭

① 李煜：《虞美人》。
② 李煜：《相见欢》。

栏,无限江山,别时容易见时难。流水落花春去也,天上人间。"①

虽说,"流水"在中国古代的诗词中比较多地用来借喻"愁"、"恨"这类消极低沉的情感,但并不等于说,它就不能借用来表现昂扬奋发的情感。事实是,用流水借喻昂扬斗志的诗作亦是不少。

浪漫主义诗人李白既感叹过"荣华东流水,万里毕波澜","抽刀断水水更流,举杯消愁愁更愁",又高唱过:"黄河之水天上来,奔流到海不复回","长风破浪会有时,直挂云帆济沧海"。

"击楫中流"典出《晋书·祖逖传》,但后来成为忠心报国的代名词。古代诗人常以此典表达昂扬的报国热情。比如,南宋著名爱国词人张孝祥词云:"我欲乘风去,击楫誓中流。"陈人杰词云:"满目江山无限愁,关情处,是闻鸡半夜,击楫中流。"

十一

流水具有很强的审美可塑性,愁苦之人可以从中看到愁,快乐之人可以从中看到乐;壮士可以从中感到壮,哲人可能从中悟到理。

与那些用水喻愁喻恨的佳句名篇相媲美的是那些颇有哲理意味的写流水的诗句、格言。

---

① 李煜:《浪淘沙》。

水流心不竞。①

惟有长江水，无语东流。②

青山遮不住，毕竟东流去。③

君子之交淡若水。④

浮生恰似冰底水，日夜东流人不知。⑤

无需细加分析，只需用心去认真品味，你就能从中感悟到许多宇宙的真谛、人生的智慧。其实，也无需借助于古人已有的文章、诗篇，你只需去面对流水，细细地去领悟，去品味，当也能有新的发现、新的启迪。

流水可以说既是宇宙间第一等情种，又是宇宙间第一等哲人。

流水的美妙、流水的魅力是无限的……

---

① 杜甫：《江亭》。

② 柳永：《八声甘州》。

③ 辛弃疾：《菩萨蛮》。

④ 《庄子·山木》。

⑤ 杜牧：《汴河阻冰》。

说飞瀑

一

本来想好的题目是“说瀑布”，然信手写下，却成了“说飞瀑”。

正好，瀑布之美不正在飞么？

李白咏庐山瀑布云：“飞流直下三千尺，疑是银河落九天。”章九思咏大龙湫瀑布：“湫水晴空飞雨雪，松涛风冷撼虬龙。”朱熹咏水帘洞瀑布：“水帘幽谷我来游，拂面飞泉最醒眸。”郭沫若咏冰壶洞瀑布：“满壁珠玑飞作雨，一天星斗化为无”……

飞流、飞雨、飞雪、飞泉，还有飞烟、飞雾、飞霞、飞彩、飞虹……

说不尽的飞、飞、飞。

二

不记得是哪位哲人说过的一句话：

最缺的，也就是最盼的；

最盼的，也就是最美的。

四肢俱全惟缺双翼的人类最渴盼的不就是飞吗？

飞——通向自由的金桥。

瀑布自九天飞奔而下，然而它激荡着我们的情怀却是直飞九霄。

于是，我为著名的贵州黄果树瀑布题词：

> 豪情如瀑飞作雨
> 奇志为虹写在天

三

黄果树瀑布是神奇的。不去黄果树，怎知道什么叫雄伟阔大，什么叫酣畅淋漓，什么叫排山倒海，什么叫狂放不羁！

也许是久闻它的盛名，也许是职业的习惯，在欣赏黄果树瀑布前，我就准备了理性的大军，试图以主体的力量与之抗衡，对它评说。

然而当我来到谷口尚在缆车上准备下降时,那从谷底喷出的一团团烟雾,特别是震耳欲聋的涛声已将我理性的队伍冲得有些不太齐整了。

我面临飞瀑:这是何等的壮观啊！宽达近百米的瀑布,从半天云中奔涌而下,这岂是银龙在飞降,不,是银河在倾泻!

我早已忘了对它进行评论。我的理性大军早已化成飞烟。

仰视飞瀑,我总是久久地凝视那瀑布的出口处悬崖顶端的横线。

一排排的白浪在喷涌,在坠落,前仆后继,绝无停息,绝无中断。

好像是猎人围追不舍别无出路的羚羊,一个个纵身跳下悬崖!

何等的英勇无畏,何等的酣畅淋漓,何等的义无反顾。

是悲吗?

不!

是壮!

人生何曾有这般的欢畅,

人生何曾有这般的辉煌!

四

在观赏瀑布的时候,我有时会想到江。瀑布不就是竖着的江么?

江,躺在地球上,滔滔地、滔滔地流着,流着……

不管是哪一条江,都流得酣畅,虽穿越峡谷之时未免有些湍急，但更多的，是流得安闲，流得宽舒。

江，是地球母亲怀中宠坏了的孩子。

而江一旦竖着，成了瀑布，就变了，它狂放，它凶悍，犹如发怒的银龙，自半空猛扑下来。

难道稍一离开母亲的怀抱就变得如此粗野？

我痴痴地想：这是为什么？

五

瀑布也有温柔的时候，那是因为有了风。

真是奇妙！有了风，特别是不烈的清风，那狂怒的银龙顿时变得温驯起来了，先是翩跹起舞，继而抖落一身银鳞，化做万斛珍珠，接着化做一团轻烟，纷纷扬扬，随风飘荡。

天下莫柔于风，莫轻于风。

然而制刚者、制怒者、制重者又莫过于风。

正是因为有了风，才有了飞瀑的空灵、轻柔、绮丽和梦幻。

真是令人匪夷所思，威猛狂怒的飞瀑竟也有少女般的温馨柔情。

在著名的雁荡山，狂怒的大龙湫瀑布声如巨雷，掀天搅地；而小龙湫，还有中折瀑飘逸潇洒得如轻烟，如梦境，如仙子。

六

读《雁荡山志》，特别喜欢这两条记载：

诺讵那尊者自西域来，观瀑示寂，而睛上指。后有僧喝云："潭下水同，何必仰视。"遂瞑。

讵那初至大龙湫，见一叟对瀑而坐，讵那叱之，叟惶恐起立，于是讵那抱膝坐，叟即侍立其旁，盖山中土地也。后僧塑讵那像，必兼塑侍立土地。

妙哉！这十六罗汉之一的诺讵那如此喜爱瀑布。他终日在瀑布前打坐，是想从瀑布中悟出点什么吗？"示寂"时他的眼睛上看，久久不闭，是有所悟而未彻悟吗？

"潭下水同，何必仰视？"

一语入心，茅塞顿开，终于彻悟。

他到底悟了什么？

俄而想起《庄子》的一句话：

故为是举莛与楹，厉与西施，恢恑憰怪，道通为一。①

好个"道通为一"！瀑为水，潭为水，云为水，雨为水，溪为水，江为水……

尘缘深重、实心眼如我者也许是很难彻悟的了。丑陋可恶的"厉"与美丽可爱的"西施"怎么会是一样的呢？同样，那何等壮观的飞瀑与一潭清水会是相同的么？尽管它们都是水。

诺讵那是否因听了那僧人的一句偈语而彻悟恐怕是难以证明的了，因为他早魂归西土，而他观瀑示寂、爱瀑而不瞑目却是

① 《庄子·齐物论》。

事实。令人特别感兴趣的是,诺讵那观瀑的那个位子原是土地爷坐的,原来,土地爷也非常喜欢大龙湫。

“天下名山僧占多”。何止是僧,仙道也贪爱名山。明代学者张竹坡曾这样描绘禅僧的生活:“幽深清远,自有林下风流。”

有大龙湫这样的名瀑做伴,岂得不风流!

七

据说,浙江新昌县东20公里的东岇山,有一水帘洞,洞高33米,宽10米,洞口有飞瀑喷薄而下。

我没有去过,风景定然是佳美的。

我对此瀑产生兴趣的主要原因还不是这洞,而是洞前那座康熙年间由融彻禅师筹资建的观瀑楼。

又是一位和尚!

筹资自然是不容易的,筹得资来不去盖寺院,不去塑菩萨,却来建一座观瀑楼,奇哉,奇哉!

这使我联想到观瀑示寂的诺讵那禅师。

莫非飞瀑中真个有什么佛理么?

我不懂,但我想起了禅宗的许多偈语,如:

> 曰:某不会,乞师指示
>
> 师曰:万古长空,一朝风月。
>
> ……
>
> 问:如何是天柱家风
>
> 师曰:时有白云来闭户,更无风月四山流。

……

问:如何是诸佛出身处?

师曰:出处非干佛,春来草自青。

……

问:如何是和尚利人处?

师曰:一雨普滋,千山秀色。①

八

清朝的一位诗人潘澄,他登观瀑楼,写了一首诗:

高楼直与白云齐,
徒倚南窗观瀑飞。
我欲高楼借一榻,
夜深风雨听鸣鸡。

潘澄肯定是位儒生。那"夜深风雨听鸣鸡"一句寄托着何等深沉的感喟!

国难深重,风雨如晦,将倾之大厦谁撑?

民怨沸腾,鸡鸣不已,光复之宏业我来!

同是观瀑,缘何感受如此不同?

无缘识潘生,然潘诗中所燃烧的爱国之情令后来之我者怦然心动!

---

① 《五灯会元》卷二,《天柱崇慧禅师》。

年年月月，日日时时，分分秒秒，瀑布仍在飞着，飞着……

九

观景，视角不同，感受大异。

君有过在泰山顶俯瞰大地的经验么？那真是："遥望齐州九点烟，一泓海水杯中泻。"①

君有过江上航行，目视前方的感受么？那真是："青山缭绕疑无路，忽见千帆隐映来。"②

君有过青山道行，目不暇接的体会么？那真是："好峰随处改，幽径独行迷。"③

那么，你有过自谷底仰观飞瀑的审美经历吗？

1994 年 4 月，笔者曾有过一次观赏雁荡大龙湫瀑布的经历：立在谷底，举头仰望，只见一条银龙从高耸入云的崖顶奔涌而下，未及数十米，又化成薄纱、轻雾，在阳光照耀下，满眼珠光闪烁，霞彩熠熠；入潭又化做万斛银珠，猛叩碧盘，犹如急管繁弦，铿锵有声，顿时潭中出现一条奔腾不息的银龙。

整个山谷水气氤氲，吼声如雷。

我似乎感到那飞瀑连同那悬崖、天空直向我头顶压来……

我拼命抵抗着，我仿佛也化成了飞瀑，化成了惊雷，化成了霞彩。

---

① 李贺：《梦天》。

② 王安石：《江上》。

③ 梅尧臣：《鲁山山行》。

我终于领略到了仰观瀑布的审美情趣。

这是一种崇高,美学意义上的崇高。

听听康德如何说:

> 好像要压倒人的陡峭的悬崖,密布在天空中迸射出迅雷疾电的墨云,带着毁灭威力的火山,势如扫空一切的狂风暴雨、惊涛骇浪中的汪洋大海以及从巨大河流投下来的悬瀑之类景物使我们的抵抗力在它们的威力之下相形见绌,显得渺小而不足道。但是只要我们自觉安全,它们的形状愈可怕,也就愈有吸引力;我们就欣然把这些对象看作崇高的,因为它们把我们心灵的力量提高到超出惯常的凡庸,使我们显示出另一种抵抗力,有勇气去和自然的这种表面的万能进行较量。①

"超出惯常的凡庸"!

难道你不觉得这惯常的生活的确有些凡庸么?

那么,去仰观那雄奇无比、威力无穷的大瀑布吧!它会一扫你"惯常的凡庸",而让你感到有"一种更强烈的生命力洋溢迸发"(康德语)。

十

俯瞰,令我们阔大;

---

① 转引自朱光潜《西方美学史》下册,人民文学出版社1979年版,第379页。

平视，令我们深远；

环顾，令我们丰富；

仰望，令我们崇高。

瀑布宜仰观，但，每每在仰观之时，我又常常想，如果登上崖顶，俯瞰飞瀑，那又如何呢？

我有过这样一次机会：

那是在奉化溪口观赏著名的千丈岩瀑布。

我站在崖顶，看见一条再平凡不过的水流缓缓而来，到崖口，猛折而下，顿时化做一条银龙，奔向谷底！

也许那化凡庸为神奇的瞬间还不失崇高，但总的来说，在崖顶看瀑布，远不及在谷底看瀑布那样刺激，那样振奋，那样过瘾！

我总觉得在崖顶看瀑布有几分不是仙家硬充仙家的滑稽。

十一

儿时读《西游记》，那孙悟空住的花果山水帘洞是最令我感兴趣的处所。

水帘不就是瀑布么？

我没有去过水帘洞，但却有过观赏水帘的审美经验。雁荡山的中折瀑，其气势虽略逊大小龙湫，但秀丽则过之，最让人高兴的是瀑布下面有一条石块小路，可以让人在瀑布背后与山崖之间走过。

从瀑布背后，透过瀑布看上去那是什么滋味呢？

一面阔大的水帘遮住了视线，眼前珠箔银丝，飞花点翠，清凉沁人肺腑。我努力想从水帘的缝隙看看滚滚红尘，看到的仍是模糊,模糊……

一面水帘隔开了两个世界,

水帘外是一个天地,

水帘内又是一个天地!

我想起明代诗人田琯咏水帘云:

峭壁千寻悬石胆,飞流万斛泻琼花。

分明身在蓬瀛里,逸思飘然不认家。

是在"蓬瀛里"么?也许在红尘中筋疲力倦,不堪重负之时躲进这水面后小憩片刻,也能收到特别的好处,至少在这里,一切都已放下。

十二

在金华冰壶洞,我看到另一奇景:

洞中一注硕大的水流,不知从何处涌起,流过短短的距离,顺着垂直的石壁,顿时折成飞瀑,喷涌而下吼声如雷。

一条误入囹圄的银龙。

尽管不能将壮志写上蓝天,也不能萎靡颓丧地默默消遁。

于是,就有了:

这洞外数百米可以听得见的悲壮呼喊。

这洞内搅得满是珠玉、翻滚不羁的狂态。

我小心地沿着洞内上下的石磴,伴着这条受伤的龙,走过他生命的最后历程。

看！就在它撞击地面的刹那，腾起一柱柱水花，溅起万颗银珠，奏出金声玉振般的乐章，然后汇成一道河流，哗哗地奔向新的途程。

我久久地凝视它落地的瞬间。

生命，也许在最后的冲刺中才闪耀出最绚丽的光辉。

十三

我还曾领略过一次满山飞瀑的奇景。

那是 1994 年 6 月，我冒大雨游览江西名胜三清山。三清山虽有瀑，但不多，且较小，那天因大雨，满山大大小小的沟谷尽化成了飞瀑。

你有过四周都是飞瀑的审美经验么？

记得我站在三清山的响波桥上，放眼环视：青翠的山峦上竟有无数条瀑布沿山谷奔涌而下。高大的乔木也滴下一条条银线，浑若无数条小白龙，真个是“山中一夜雨，树梢百叠泉”。响波桥下，山洪猛涨，浊浪争先恐后，跳越黝黑的岩石，奔向山脚，一路上掀起一丛丛银色的浪花。满耳是哗哗的水声，我简直置身于一个翠色与银色交织的混沌空间，尽情地欣赏这无数条瀑布奏起的交响乐。

那个时候，我真想自己也化做一道瀑布，参与这天地自然的大合唱。

人生难得如瀑时。

湖之魅

一

湖在水景中较为特别。

与海相比，它远没有海的浩瀚雄阔，然对于没有机会临沧海的游客来说，湖，特别是大湖，在某种程度上能满足对海的审美需求。小时候，在岳阳楼上观洞庭湖，那烟波浩渺的湖面远接灰蒙蒙的天边，随着湖面刮起的大风，一层层的浊浪直向岳阳城楼扑来，掀起高达数丈的白浪，不禁心惊肉跳。那时，我想，也许大海就是这样的吧！

二

不过,湖更多的时候是恬静,细浪如鳞,水光荡漾,温柔极了,美丽极了。

驾一叶扁舟,在湖上任意徜徉,那浪敲击船舷,发出清脆的响声,美妙如磬。

湖水澄澈,碧浪如琉璃般可爱。这时谁都忍不住要用温暖的手去抚摸那凉浸浸的湖水。那种感觉非身历者不能体会。

凉浸浸,又甜丝丝……

真想赤条条地纵入碧浪之中。

真奇怪,这种溶身碧波之中的欲望只有在游湖时才有。

湖真如母亲般的温柔、恋人般的醉人。

三

湖,最美丽、最动人的时候还是在月夜。

上大学时读唐诗宋词,最令我神往的是刘禹锡的《望洞庭》与张孝祥的《念奴娇·过洞庭》。这两首诗都极为生动地描绘了月夜洞庭湖之美。试录之:

湖光秋月两相和,
潭面无风镜未磨。
遥望洞庭山水翠,
白银盘里一青螺。

洞庭青草，近中秋，更无一点风色。玉界琼田三万顷，着我扁舟一叶。素月分辉，银河共影，表里俱澄澈。悠然心会，妙处难与君说。

应念岭海经年，孤光自照，肝肺皆冰雪。短发萧骚襟袖冷，稳泛沧浪空阔。尽挹西江，细斟北斗，万象为宾客。扣舷独啸，不知今夕何夕。

我没有月夜泛舟洞庭的审美体验，但我不止一次地在月夜游览过西湖。徜徉在湖水中，我只觉得自己置身在一个银辉闪烁的世界，仿佛自身已化成一道波光，或一缕轻烟。我的思绪停止了，我的情感凝住了，我的呼吸屏住了。隐隐之中，我听到了月亮与湖水的情话……我生怕惊动了他们，悄悄地将船隐在垂柳之中。

四

在西湖住了多年，我从没写过西湖，是西湖不美吗？当然不是。西湖太美了！

我反思，西湖到底美在哪里？似乎很难说清；我再问自己，到底最喜欢到哪些地方去游览？是湖面吗？是湖中的小岛吗？好像不是。我去得最多的是环湖的山。那么，是山而不是湖吸引我吗？也不是。

其实，这些山吸引我去登览的真正原因，是这些山都是观湖的最好视点。站在宝石山顶或玉皇山顶看西湖，那种滋味与在湖岸或在湖中看西湖是完全不同的。如果说在湖岸或湖中观湖是我溶入湖中——我消失了,那么站在宝石山或玉皇山顶上欣赏西湖,是西湖深入我的胸襟之中——西湖消失了。

五

当然,我溶入西湖与西湖溶入我都一样地使我无限的愉快。为此,我特别喜欢西湖的两道堤—— 白堤与苏堤,它们都将我接入湖中。临湖赏景与湖中漫步那是两种完全不同的风味。泛舟自然更亲近湖水,但泛舟哪有散步潇洒!

就潇洒这滋味来说,苏堤胜于白堤。白堤太雅,苏堤雅野兼之而以野为主。在苏堤的垂柳下或草地上随意休憩,听湖水与岸石呢喃细语,看游船在湖面优哉游哉地飘荡,沐浴着微风,胡乱地吸进野草、野花有时夹着鱼腥味的芬香,那种感觉难以表达,不是飘飘欲仙,胜似飘飘欲仙。有时与妻,有时一个人就这样在湖岸静静地坐他一个下午……

六

平生与湖有缘。

自杭州移住武汉,濒临的又是湖,而且是大西湖五六倍的东湖。的确,与东湖比较起来,西湖是太小了。不过,小有小的美,大也有大的美。如果把西湖比做一块可在掌间摩挲品赏的碧玉,那东湖则是一状貌嵚崎的巨石。西湖是秀丽妩媚的江南女孩,美得可爱;东湖则像剽悍粗野的塞北奇男,美得雄奇。

东湖少了一道贯穿湖中的长堤,我无法亲近它;东湖四周虽也有山,但远比不上西湖的玉皇山、宝石山,我无法居高临下尽情地品赏它。

不过,入夜,我很喜欢从武汉大学侧门出去,在沿湖的马路上无意地游荡。没有项链般的灯光长廊,没有穿梭般的游艇画舫,甚至也没有多少人在湖岸散步。放眼一看,茫苍苍一片灰色的湖面望不到边,东湖的风景胜地——磨山,显出它黑魆魆的伟岸的身影,远远地屹立在湖的对岸。很少有人在我们面前走过,偶尔有出租车从磨山那边驶来,荒野、苍凉、崇高……

我感到了一种强劲的大自然的野性,我仿佛神驰于蛮荒的年代……

不知为什么,一种兼有凉意的悲壮油然涌上心头。

七

我的家乡多湖,不是大湖,而是那种也可称之为池的小湖。那种湖既没有西湖的雅致,也没有东湖的荒芜,但却有西湖与东湖都没有的温馨。夏日,满池的荷花开了,使人想起杨万里的名句"接天莲叶无穷碧,映日荷花别样红"。我特别喜欢的是荷花的香,那种清悠悠的、凉丝丝的香。荷花全身都有这种清香,除了花,它的根有,它的叶有。我们那里喜欢用荷叶包裹荞麦粉做粑粑,那荷叶的清香透进粑粑之中,味道非常美。

家乡的湖是孩子们最好的游泳池。那份湖中戏水摸鱼的乐趣,是人一生最为快乐的回忆。母亲是不允许孩子去湖中戏水的,因此,每次去湖中游泳只能偷着去。那一份提心吊胆的偷着的快乐，却是我的至乐。

湖就这样连着我的情感，连着我的生命，连着我的向往……

山与云

一

我喜欢雨中或雨刚停游山，有人不解，我说："为了看云呀！如果没有云，那山味道就不足了。"宋代著名画论家郭熙说："山以水为血脉，以草木为毛发，以烟云为神采，故山得水而活，得草木而华，得烟云而秀媚。"这话实在说得好。

我曾有两游武陵源天子山的经验，一次是雨中，一次是天晴，感受大不相同。雨中那次登到了天子山顶时，雨刚住，山谷间翻涌着大团大团的烟云，此时的天子山，奇峰簇簇，摇曳多姿，说不尽的美妙神秘；而晴天游天子山的那次，虽然山还是那山，峰还是那峰，但在阳光普照下一览无余，那味道就差多了。

就是天生丽质的美女也需要恰当的梳妆。

二

山是静的，云是动的。这动、静相互作用所产生的神奇效果，是任何文字都难以描述的。记得有一次游三清山，在清岩茶庄遇大雨，只得稍作歇憩。我凭栏观赏雨中的山峰和那从谷口涌出的一团团烟云。忽然，我感觉到对面那座山峰似乎飘动起来，那神态就仿佛是太上老君拄着拐杖、托着装金丹的葫芦从九重云霄飘然而来。我再看近处的一座山，烟雾中，它很像一位仰面躺着的女子。一个联想顿时从我脑中生出：三清山的神话传说中不是有女娲采这山上的玉石补天的故事吗？这躺着的酷似裸体女子的山就是女娲，她补天可累坏了，也许累死了。那从兜率宫飘然而下的老君就是奉玉帝，不，也许是奉王母娘娘之命来救女娲的……

一个故事在脑海中成形了。

如果没有那烟云，能有这故事吗？如果不是烟云的动致使我产生幻觉——那山峰也在动，我能将它想象成驾云而下的太上老君吗？而那座像躺着的女子的山岭，也只有借助烟云，才在我的想象里成了因补天劳累致病的女娲。

在哲学教科书中，我们常能读到讲动静关系的论述，这些论述一般只是谈到两者的互相作用、相得益彰等等。它们似乎都忽视了这两者相互作用所生发的巨大创造力。它们可不是 1+1=2,而是 1+1>2。

三

山是静的,云是动的。云之动离得了风么?我登山既喜欢下点雨,又喜欢刮点风。

有风,草木动了,那窸窸窣窣的声音让人感到生命的活力。随着风力的大小,草木的声音高低抑扬,真像一曲美丽的交响乐。如果山有松林,满山松涛澎湃,其势或如万马奔腾、海浪呼啸;或如细雨沙沙,絮语呢喃,那情景更是动人心弦。

有风,云动了,把个崇山峻岭更是搅动得生意盎然,气象万千。我有幸在黄山排云亭观赏过一次风起云涌的壮观。时风力不小,那云犹如翻滚的海浪在山谷中腾跃,碰撞,而四围的山峰一时间突然显得更为巍峨,更为肃穆,更为狰狞,似乎在与愤怒的云抗争。一种美学意义上的崇高感顿时从我心中升起。很奇怪,在这动静的对比中,动者更动,静者更静了。

我在衡山皇帝岩上观云则是另一种味道。望过去的空间十分开阔,此时风力不甚大,但风向多变。于是,那云一忽儿从四面八方聚集拢来,把整个视野全掩盖了,甚至把我们这些观云者也吞没了,只感觉,白云在四周汹涌,我们好像成了仙人,在腾云驾雾呢!一忽儿,风向变了,茫茫云海倏忽间消失得无影无踪。阳光朗照,峰峦青翠,沟壑俨然,山下屋舍园田历历在目。此时我又回到红尘,居高临下,指点江山。这仙耶人耶的演变,全是云的捉弄。

不过,如果说是云捉弄了山,捉弄了人,那么是狡黠的风导演了云。

然而风又是最为谦逊的,你什么时候见过它的尊容?不过,要看风,就看云好了。

四

在长江三峡航行,最奇幻的风景就是神女峰了。据说宋玉写《高唐赋》,记楚襄王游云梦台馆,夜梦与巫山神女相会。那神女辞别时,说:“妾在巫山之阳,高丘之阻,旦为朝云,暮为行雨。朝朝暮暮,阳台之下。”神女峰以此而得名。我在不同的天气看过神女峰。当然,最好看的还是晴朗的早晨,霞光将峰峦染得金碧辉煌。彩云中,你似听到了神女的环珮叮当。

这里,如果说是云扮靓了山,那么,却是太阳扮靓了云。

五

李白有诗云:“云想衣裳花想容”①。他是把云与花看成同样美丽的。

云的确很美,而且色彩丰富,要问云有多少色,去问阳光有多少色好了。就我个人的欣赏口味来说,最喜欢的是白云。那种白,使人想到纯洁,想到高雅,想到超尘世外,想到飘然欲仙。在我的审美趣味中,青山与白云的配合是大自然中最美的配合。

---

① 李白:《清平调词三首》。

如果说这是和谐，那就是最高的和谐。

它给予我们的不只是生命的蓬勃、生命的静谧，还有生命的意味。

"山中何所有？岭上多白云。只可自怡悦，不堪持赠君。"①看，这"白云"，何等潇洒，何等飘逸，它是仙者的象征。

"昔人已乘黄鹤去，此地空余黄鹤楼。黄鹤一去不复返，白云千载空悠悠。"②心事浩茫，思接千载。"念天地之悠悠，独怆然而涕下。"这是儒者的喟叹。白云，你凝聚着多少历史的沉重！

我爱白云的飘逸，也爱白云的凝重！

---

① 陶宏景：《诏问山中何所有赋诗以答》。

② 崔颢：《黄鹤楼》。

说峰

一

山之美大半在峰之美。平生游山玩水，最为钟爱者莫过于观奇峰。而峰之奇且奇峰之多者首推黄山。黄山奇峰集中在北海，观峰之最佳位置则是北海宾馆对面的清凉台。这座台突出在三面临空的危岩上，靠在石栏上可以远眺四周的峰群，如若有些云气那就最妙了，缥缥缈缈的烟云中，只见群峰如林，参差错落，似静似动，俨然是神秘的天国世界。

黄山的峰宜远眺，它的美在其整体性、群体性，这种景观特点与武陵源类似。在欣赏这种以整体、群体取胜的奇峰美景时，我们切不可为先入为主的比喻所局限。例如从黄山清凉台右方远眺的峰群，早有人取名为“丞相观棋”，我看此名未必最佳。在我的想象看来，那峰群倒更像八仙过海。当然，我绝无意要改变这已成定局的景名，我只是觉得，对于有些景观，还是任观赏者去自由想象的好。这使我想起抽象派画家康定斯基常把自己的作品命名为“即兴”多少号。大自然是第一等的全能画家，抽象画是它的拿手好戏。

黄山山峰的取名最佳者我认为是“始信峰”。我不知此名来历，但我猜想，大概是“不登黄山何知美，始信人间有绝景”的意思吧！

二

峰也有极像人物、动物者。这样的峰一般最能引起观赏者的兴趣。

给我印象最深的是桂林的老人山，那是需要远眺才能充分满足审美享受的景观。我之所以特别欣赏这座峰，不只是因为它的神态很像老人（像老人的峰多矣），还因为它的造型使我产生一种形而上的哲理情思。我总觉得那披戴着风帽的老人翘首远望云山，似乎蕴含着一种极为深刻的东西，它耐人寻味而又难以确指。犹如水中之月，视之实存，掬之不得。而从我的阅历与修养出发,我觉得那风尘仆仆的老人既给我一种岁月的沧桑感,又给我一种尘世的超越感。他似乎联系着两个世界:此岸的红尘和彼岸的天国。每次去桂林,远眺老人山,我都极想打问一声:"老丈何往?"而未及开口,一种说不出的悲壮和迷惘便涌上了心头……

三

江西的三清山奇峰很多。三清山的好处是进山不久就可见奇峰,登山途中奇峰不绝,能给游客充足的审美愉悦。

游三清山,好像看一出戏,有奇警的开头,有引人入胜的展开,有精彩的高潮,有余味无穷的结尾,所有这一切全仰仗它的峰。

三清山的峰就是一首交响乐曲的音符。这首乐曲的高潮是位于山顶的司春女神峰。

我去游览三清山时正逢大雨,雨雾中的女神似乎显得有些神秘,但我看过在晴天拍摄的女神峰的照片,那真美!蔚蓝的天空,洁白的云彩,青翠的山峦,把女神衬托得分外端庄慈爱。

这端坐的女神慈祥地俯瞰着神州大地。三清山管理局编的画册将女神上面加个定语:"司春",意思是她赐给人间春色,蕴意甚美。不过,在我的想象中,她倒更像炼石补天、用泥土抟人的女娲。她是我们人类的老祖母呀!她虽在天上,却时刻关注着人世的一切,关注她的子子孙孙。她是慈爱的象征、吉祥的象征、幸福的象征。

她是天神,却充满人间的温馨。

四

在我记忆中,承德的棒槌山是最为令人流连的。一进承德,就远远地看见它了。

承德真幸福,这棒槌山就是它最好的广告、标志。

我所游览过的奇峰,江南居多,多在青绿山水之中。而承德地处北国,虽周围多山,但山上少树。说实在话,少树的山一般是不耐看的,然承德周遭的山岭因为有了这棒槌峰,便也顿生奇异,令人刮目相看了。

我突然想起古越的浣女,想起那曾为拯救自己的国家而毅然献身的西施姑娘。西施姑娘原本是浣女,她成就一番伟业后,据说是随范蠡大夫泛舟而去了。不过,看了这棒槌山,我却认定西施功成后来到了承德,最后在承德登仙了。于是,我不禁赋诗一首:

此石造化实堪奇,
孤标傲世一棒槌。
想是浣女登仙日,
遗落人间不相随。

五

峰,大都在群山之中,其实所谓峰亦不过是秀出之山而已,也就是说峰以其高出群山故而称之为峰。高是峰的一个特征。

不过,有些峰并不以高取胜。比如江中之峰。我有过多次在长江航行的经历,在船进入江西九江段时,忽见江中有一极青葱可爱的山,山上还隐约可见庙宇。旅伴告诉我,这就是小孤山了。我依然记起苏轼的一首题画诗《李思训画长江绝岛图》,诗云:

山苍苍,水茫茫,大孤小孤江中央。
崖崩路绝猿鸟去,惟有乔木参天长。
客舟何处来,棹歌中流声抑扬。
沙平风软望不到,孤立久与船低昂。
峨峨两烟鬟,晓镜开新妆。
舟中贾家莫漫狂,
“小姑”前年嫁“彭郎”。

苏诗中写的“彭郎”就是小孤山对岸的澎浪矶。

真乃妙极!我突然发现小孤山美在何处了。小孤山之美不只在它自身的“挺秀”,还在滔滔的长江对它的烘托,一静一动,一宽一高,相得益彰;更重要的还在江岸的澎浪矶对它的呼应。由此使游客生出许多浪漫的奇想……

我的诗兴也给逗发了,依苏轼诗意信口吟出四句:

船进江西入画廊,
青山列队依大江。
最喜“小姑”独挺秀,
隔水绰约盼“彭郎”。

说 洞

一

猿人从树上下来,最先是住在洞里。中国有一支最古老的猿人不是命名为山顶洞人么?也许是这么一点缘分,人对洞有种天然的亲和感。

文明时代人一般是不住山洞的,但特殊情况,山洞还不失为栖身的好地方。

闻名遐迩的桃花源其实就是一个洞。陶渊明记述得很清楚:

晋太元中，武陵人捕鱼为业，缘溪行，忘路之远近……复前行，欲穷其林。林尽水源，便得一山。山有小口，仿佛若有光，便舍船从口入。初极狭，才通人，复行数十步，豁然开朗。土地平旷，屋舍俨然，有良田美池桑竹之属，阡陌交通，鸡犬相闻……①

这个桃花源就在湖南桃源县。我去过多次，的确很像陶渊明所记，其环境之清幽佳绝天下。后人于此建立的亭台楼阁掩映于苍松青竹之间，也堪称相得益彰。但我最感兴趣的还是那个洞口。我去探寻过几次，它在一条溪流旁边。洞口真个“极狭”，且多为荆棘遮蔽，如若不经心，绝对发现不了。这也才是洞中秦人得以长期避难的原因。试想想，如果那洞口比较大，可以很容易地进出，那怎么可能“问今是何世，乃不知有汉，无论魏晋”？

我之叹赏桃花源的就是那个洞，准确地说是洞口！

可惜，去年我再去游览桃花源，那个神秘的“极狭”的洞口不见了，代之以用水泥筑成的一条长长的通道。不知怎的，它使我想起了防空地道。味道败坏了！

至于洞内，原来只是几间茅舍，加之“良田美池桑竹之属”，现在是城堡高耸，旌旗猎猎……

这是何家军寨？哪方城镇？

呜呼，我心目中的桃花源！

---

① 陶渊明：《桃花源记》。

二

洞中方七日,世上已千年。

洞是神仙修炼的地方,号称洞府。

洞以仙气氤氲最佳。

滚滚红尘,俗臭冲天,哪里去寻一方洁净神圣的洞天?

应该说在我游过的洞中,桃花源仍然是最具有仙味的名胜宝地。

它之佳妙不仅在洞内也在洞外,那翠郁郁的犹如绿雾般的竹林,那红灿灿好比彩霞似的桃花,还有那蜿蜒曲折淙淙有声的溪流,把个人类理想的仙家世界渲染得何等有声有色。在道家看来,"天地有大美而不言"。仙味不就在这"无言"的自然之中么?

最有意义的是桃花源的楹联,我没见过哪处洞天胜境有比它更多更好的,这里试摘录几则:

秦汉兴亡付流水
神仙消息问桃花

开口说神仙是耶非耶其信然耶难为外人道也
源头寻古洞秦欤汉欤将近代欤欲呼渔子问之

无怪倏焉而秦倏焉而汉但与君谈笑移时便成旦暮
看来何必有洞何必有花得此地栖迟毕世即是神仙

卅六洞别有一天渊明记辋川行太白序昌黎歌渔耶樵耶隐耶仙耶都是名山知己

五百年问今何世鹿亡秦蛇兴汉鼎争魏瓜分晋颂者讴者悲者泣者未免桃花笑人

仔细品味这些楹联,个中况味令人如醉如痴,看来仙味也是可言的。

不需说破!不,也可说破!

三

河南少林寺声名赫赫,无人不晓,如若问达摩洞则少有人知了,其实达摩洞就在少林寺后,不过一二里路远。

我是十多年前去参观过这个洞的,至今印象很深。洞很小。它的妙处是洞壁隐约可见达摩祖师像。仔细观之,果然如此,令人怦然心动!

达摩,这位来自印度的和尚、中国禅宗的祖师,在中国文化史上享有崇高的地位。据说他在这个石洞里面壁打坐,一坐就是九年。也许是面壁太久,影子嵌入石壁,遂留下了身影。当然从科学角度言之,这不可能。不过我宁可相信它。

面壁九年,需要何等的毅力!

读宗教典籍,我常常为宗教徒那种献身精神而感奋惊叹得不能自已!

耶稣基督慷然就难十字架;净饭王国的王子舍却一切荣华

富贵传教天下;中国和尚玄奘远赴印度取经,历尽千辛万苦……

精神的伟大在宗教中张扬到了极致!难怪宗教的境界是那样神圣庄严。

达摩洞,神圣的宗教殿堂。

它小吗?不!它空阔无边。

四

也许是感于神话中龙宫的神奇,如今的溶洞多喜欢用龙命名,其最美的景观大都就取名龙宫。

我所游览过的“龙宫”,最美的当属湖南武陵源黄龙洞的“龙宫”。黄龙洞的龙宫突出的特点是高大、深远、空旷,最高处达51.25米,最宽处达340余米,龙宫大厅为3.4万平方米。洞厅内好几根玉柱顶天立地,最高的定海神针高达20.7米,最粗的龙王宝座直径达9米,像这样大大小小高低不一的钟乳石柱,厅内竟多达1 700余根。特别令人惊叹的是那些洁白如玉的状如蘑菇、伞盖、珍珠、帐幔及各种飞禽走兽的石笋、石花,就是它们组成了一个生气勃勃的海底世界。

此厅布置稍感不足的是灯光,虽然也是霓虹灯,闪闪烁烁,光怪陆离,但仍未能尽如人意。既是龙宫,我意宜以蓝色为基调,缀以红、黄、橙、紫。应尽力再现出海水的波动感,让人恍若处身海洋深处,动荡而又空灵。

龙为水神,既是神,不宜面目全现。龙宫可运用灯光隐约现出龙来,或首或尾或爪,一二处足矣,千万不可全裸。笔者曾在一号称“龙城”的城市里见过满街都是裸露的龙的造型,说是为庆祝龙舟节。差矣！如此全身毕露的龙还是神么？爬虫矣！

五

浙江金华冰壶洞是我观察过的洞中印象最深的一个。

此洞从山顶而入，已是不寻常，进洞之后感觉身处一大壶中，最为奇者乃洞中一条大瀑布，从石隙飞喷而出，悬空倾泻而下，凭着自然光，你就能强烈地感觉到，这是一条“玉龙”——夭矫的“玉龙”。这不就是龙宫吗？何须画栋雕梁，何须奇花异卉，何须虾兵蟹将，有此“龙”即已足矣！

此洞的妙处还在它的取名：“冰壶”，这使人很快地联想到唐代诗人王昌龄的诗句：“洛阳亲友如相问，一片冰心在玉壶。”①尽管用王昌龄的诗句释此“冰壶”不一定恰当，但此种联想却大大丰富了游览冰壶洞的审美情趣。

审美的想象常常是无理而妙。

壶中日月凭谁记，水自飞瀑云自归。

冰壶洞，你又何在乎人之观赏以及观赏时的审美想象。你，就这么永恒地运动着，存在着，任其日转月移，任其水飞云归。

永恒，才是绝对的美！

六

洞还是以有阴河者为佳。

① 王昌龄：《芙蓉楼送辛渐》。

据说辽宁本溪水洞内的河流很长，乘船游览极富情趣。遗憾的是我暂无缘造访。浙江兰溪六洞山的地下长河我倒是去游过的。说是地下长河一点也不错，果然有一道不小的水流从洞中涌出。

进洞前行不几步，有一较为宽阔的厅堂，我们就在这里登舟。小船缓缓离开码头，桨片划开水面，铿锵有声。打量前方，幽深、朦胧；沿江，寥寥的几盏彩灯发出黯淡的光。我们仿佛进入了巨龙的腹腔，谁知道前面是什么呢？

沁人肺腑的清凉世界，神秘幽深的探险之路。

洞内的滴水清脆而又饱满，时断时续，敲击着水面，也敲击着心弦。

是恐惧，还是兴奋；是好奇，还是喜悦？

除了桨声、水流声，没有任何人说话。

需要的就是这份宁静，这份最可宝贵的宁静。

在宁静中方能尽情品味这份美妙。

七

洞也不一定大就最好，重要的是富有情趣。

杭州南高峰和翁家山之间有三个小洞：烟霞洞、水乐洞和石屋洞。三个洞相距两里路远，洞都不大，但各具特色。烟霞洞洞内壁上镌刻有十八罗汉，洞口两壁还有观音、大势至两尊菩萨像。这些雕像虽谈不上至精至美，也还耐人寻味。站在洞口仰观苍鹰翱翔，眺望山峦起伏，心胸豁然开朗。

石屋洞前有一石屋寺，现虽无和尚住持，也还不失为一处精巧的小园林，且地处满觉陇腹心，金秋时节，四围都是桂花，满眼金碧，身浴香海，也确是个好去处。只是游人太多，难得有一份清静。

我最喜欢的是两洞之间的水乐洞。洞真个是小，洞外也无亭阁，荒野得很。可喜的是有一注不大的泉流从洞中流出，循凹凸不平的水道，曲曲折折地流着，孤自地发出丁冬的响声。

苏轼曾有《水乐洞小记》，文中云："钱塘东南有水乐洞，泉流岩中，皆自然宫商。"

好个"自然宫商"！这不就是庄子所说的"天籁"么？

无须别人欣赏，纯然是自得其乐。

只要有兴致，我就去水乐洞坐坐，不敢说是水流的知音，只是贪爱那份清幽。

八

科学技术的发达大大美化了溶洞，譬如电灯，它是溶洞美景不可缺少的化妆师。

走进溶洞，五颜六色的彩灯将地宫的钟乳石、石笋、石幔辉映成光怪陆离的模样。

的确，很奇幻；的确，很神秘。

于是，导游告诉游客，这就是天宫，这就是龙宫，这就是八仙过海，这就是天女散花，这就是瑶池盛宴……

我叹服这种美学设计，也不止一次地让自己的想象在天宫、龙宫遨游。

但是，审美的感官经过反复的刺激，就变得麻木了。游过的溶洞一个接一个,每个洞都是大同小异的天宫、龙宫,都是一样的彩灯闪烁,光怪陆离。于是,我终于厌倦了。有人告诉我,某处又发现了一个溶洞,如何如何地美。然而,我却少了兴致,不就是天宫、龙宫吗?

九

这回,在贵州织金洞,我对溶洞的审美兴致意外地恢复了。

织金洞当然未能免俗,它也用奇幻的彩灯装饰洞内的天地。不过,它没有别的洞用得那么多,那么滥。一个名叫"香雪宫"的大厅,基本上不用彩灯,只用日光灯。在这里,我观赏到了溶洞的本色美。那是一片冰清玉洁的世界,一个真正的"香雪海"。洞顶悬挂的石钟乳犹如条条冰凌,晶莹剔透;矗立的石笋,白莹莹地熠熠生辉,特别是那自洞顶铺天盖地垂直而下的石幔犹如被冻住的黄果树瀑布……

这才是令人惊叹的奇观。

这才是无可比拟的绝色。

我忽然想起了庄子在《逍遥游》篇描写的"藐姑射之山"的神,他们"肌肤若冰雪,绰约若处子;不食五谷,吸风饮露;乘云气,御飞龙,而游乎四海之外"。

它们是两种不同的景象,但在我的脑海中竟融为一体。也许那洁白晶莹的石笋、石幔、钟乳石所构成的境界就是藐姑射之山。

十

我没有去过四川省兴文县县著名的风景名胜区——石海洞乡，但我从一些彩色照片中领略到它奇异的风光。兴文县的这处景观名为石海洞乡，可见石山之多，洞天之多。

我为一张名为“洞府天光”的照片迷住了。一个不算很大的洞口，一束自然光瀑布般的从洞口凶猛射入。白色的光箭与黑邃邃的洞壁构成强烈的反差，产生震撼人心的奇异效果。

我非常欣赏它逼人的气势，欣赏它无可阻挡的力量。

在如此强烈的光箭之下，还有什么奥秘可以隐藏？

也许对溶洞的审美欣赏，最富有魅力的是洞口，不管是进洞，还是出洞。

十一

洞只有与地面上的生活、地面上的风光相联系才具有意义。

不就是因为地面上的风光是那么熟悉，那么亲切，洞中的景观才显得那么陌生，那么神秘，因而才激起人们浓郁的好奇心和探险的欲望吗？

不就是因为地面上的生活是那么世俗，那么功利，那么平常，洞中的生活才那么飘逸，那么超脱，甚至那么理想，那么恐惧，或被人们称之为洞天福地，或被人们称之为妖窟魔洞吗？

不就是因为在地面上时时可以感觉到时光的流逝，不免让人生出嗟老伤悲的感叹，而在洞中看不到日升月落，昼夜变化，因而才被修道者选择为理想的处所吗？

相传东汉永平年间，剡县人刘晨、阮肇入天台山采药，遇二仙女，邀至一仙洞，住了半年，等到还乡，发现子孙已历七世了。

如此的故事，中国古书中还多得很。

美吗？很美。不过在咀嚼它的美味之后，我又品出几分苦涩，心头不禁涌出一丝伤感……

初读海滨

一

深秋，我去了广西北海市。说是北海其实并不在北，它在南海之滨。

朋友们说：去看看海吧，北海的海真美。

一个下午我去看海了，是的，是真美。蓝莹莹的，无边无际。恰风小，海面细波粼粼，海特别地温柔。

然而最吸引我，最令我陶醉的是那一大片的海滩。我虽去过好几处海滩，但在我见过的海滩中，它最美！

由于不是旅游旺季，海滩上人寥寥无几，那由海潮涨退留下的痕迹清晰可见，一条条柔美的曲线把海滩装点得犹如一幅奇美的图画。

沙滩无泥滓，沙粒晶莹洁白，一颗颗都是一样大小。难得啊，这样的纯洁，这样的均匀。

大海是粗犷的、凶猛的，然而它的艺术品却是这样的秀丽、柔美。

阳刚缔造阴柔，崇高锻造优美。

大自然的造化无比奇妙。不是吗？惊雷闪电、乌云搅空、大雨滂沱之后往往是蓝晶晶的天；正是地心炽烈的熔岩造就了妙不可言的种种奇石。

我倏忽想起达·芬奇的自画像，广阔的额头上布满一道道海滩曲线似的皱纹，老人的面相是仁慈的，衰弱的，然而我从那柔曲的皱纹中分明听出了大海的狂啸……

二

我在海滩坐了下来，摩挲着那可爱的细沙。我喜爱这种感觉，痒酥酥，黏糊糊，带着海的潮润，带着海的生命。

我端详手中晶莹的沙粒，俄而一个疑问闪入脑中：它从哪儿来？它的母体是谁？它的"兄弟姐妹"又在哪里？

它原是巴颜喀拉山上的一块巨石，还是火山爆发时从地心冲出来的一朵熔岩？是怎样的浪淘风颠，是怎样的水击浪摩，才造就它如此细小洁白的模样？

一颗沙就是一部地球的历史，自宇宙大爆炸开始，直到如今。

微尘就是大千。

瞬间即是永恒。

对这“渺小”的沙粒我不禁肃然起敬!

三

辽阔的大海,海岸上三具浑圆的巨石顶天立地,我为这雄壮的气势而慑服!

这是一帧照片,摄自福建沿海风景区平潭。

我没有去过平潭,但我多次去厦门、泉州的海岸,看到过不少这样的巨石。

海岸的花岗岩与内陆的花岗岩巨石外表上是很不一样的。海岸的花岗岩巨石犹如膀圆腰粗的小伙,经阳光的长期抚爱,长得黑黝黝的,特别的有精神,特别的淳朴憨厚!

在泉州的清源山,在厦门的万石园、南普陀山,我忘情地抚摸着一具具这样的巨石,仿佛透过这粗糙的皮肤感受得到它劲健的脉搏。

比较那锋芒毕露如利剑出鞘似的奇石,我更喜爱这没有棱角、浑圆的黑色巨石。

我知道是大海造就它这般模样。大海将它奔放无羁的气势与巨大的力量凝固在巨石之中,于是这巨石就成了大海的静态形象。

多么可贵的含忍之力!

高度的收敛、浓缩、团聚,犹如握紧的拳头,这正是威力无穷的体现。

大海,你是想这样告诉我的吗?

四

海,一部魅力无穷、神秘无穷的书。古往今来,多少人兴味盎然地读它,迷它。虽开卷有益,却可以说还没有一个人读懂了它,读完了它。

那么,海滨呢?它是海这部大书的封面。海的封面同样是极其美妙的,而且它毕竟比海好懂。

就让我们先读海的封面吧!

——读海滨。

奇石之美

奇石之美,古来共谈。

中国人从什么时候开始赏奇石的,已不可考。但中国早在青铜器时代有一个玉器石代却是千真万确的。玉也是石,而且可以称得上真正的奇石。《诗经》曰:"言念君子,温其如玉。"①后来,荀子谈玉之美,用了这句诗。

好一个"温其如玉"! 玉的人情味全出来了。玉当然本无人情味,但可以从中体会出人情味。"温"特别好,温和,温润,温暖,

① 《诗经·秦风·小戎》。

温顺,温馨……所以,荀子以玉比君子之德,特别看重的就是玉"温润而泽"的品质①。可以说,这"温"最为集中也最富美学色彩地体现出中国人的人生观。

中国文化中最有名的奇石当数《红楼梦》中青梗峰下那块石头。这是女娲补天遗落的一块石头,奇怪,这石头吸收日月精华,竟然有了灵气,投胎变成了人,这就是荣国府的贵公子贾宝玉。这由石头变来的贾宝玉从娘肚子里出来时,口中竟衔块玉,莫非是留作纪念吧。《诗经》还有荀子的《法行》篇只是将玉比德,《红楼梦》则进一步将石拟人了。

从以上两件事可看出,中国人对包括玉在内的石甚至整个自然界,其审美有个基本的立场,那就是人情化、人格化。

奇石美美在哪里？根本的就美在这人情化、人格化。

这里有好些层次:首先,奇石之奇,就很值得研究。奇是什么,奇在哪里？"奇"是与"一般"相对立的,与"少"相类似的。不过,一般、少是科学概念,奇却是美学概念。人可能以少为贵,然未必以少为美;但奇只要无害于人,只要是人的感官能够适应的,就必然为美。好奇是人共同的审美心理,奇石是因为投合了人的好奇心理,才被人视为美的。

好奇,从本质上来说,就是好美。美总是以奇特给人惊喜的。

奇,各种各样。从奇石来说,它的奇,有个突出的特点,就是:虽由天工,却宛似人作。这一条非常重要,它是奇石美的本质所在。

---

① 参见《荀子·法行》。

我的面前正有一块奇石,这奇石上呈现的图案,赫然像是出自人手。那云雾,那山峦,那树木,那溪流,那小桥,那桥上的行人,历历如绘,这不俨然是一幅图画吗?再看另块奇石,那石上的文字竟然组合成一句诗,这真叫人不可思议了。

不可思议,却是事实。这才是奇,这才是美。

人们常将最美的图画,或者园林,称为巧夺天工。按中国传统的审美观,天工是最高的美。庄子云"天地有大美而不言"①。天地为何有大美?在庄子看来,天地之美其美还不在天地的形象,而在天地的精神。这精神就是"道"。

没有比中国哲学中的"道"更神妙的了。道,不同于西方哲学中的理念,也不同于西方宗教中的上帝。中国哲学没有将道抽象化,也没有将它人格化。虽没有抽象化,但它不是具体的东西;虽然没有将它人格化,却有生命的意味。它不是神,却似神。一方面,它似有思想,有情感;另一方面,又似无思想,无情感。老子论道,专在此做文章。比如,老子在一个地方说:"天地不仁,以万物为刍狗。"②这天地似是无情无义的;在另一个地方,老子又说:"天道无亲,常与善人。"③这天地又似没有意志、没有情感。"道",作为宇宙的基本精神,无心做任何事,应是"无为",但它的功能至高至大,应是"无不为",合起来,就是"无为而无不为"。这就是天地之美的美的本质。中国人将最高的美给予自然,就在于自然最能体现"无为无不为"的天地精神。诗

① 《庄子·知北游》。

② 《老子·五章》。

③ 《老子·七十九章》。

人写的诗，画家画的画，书法家写的字，建筑家造的屋，园林家建的园林，如能体现出这“无为无不为”的精神，就是巧夺天工，就是最高的美了。

这是一方面，从这方面看，中国人视自然为全美；然还有另一方面，这另一方面是，中国人又将大自然的美归结为合于人意。有句成语“江山如画”，这就很耐人寻味了。通常说山水画画得好，我们说巧夺天工，也就是画如江山；现在说江山美，又说江山如画。这不是鸡生蛋、蛋生鸡吗？是的，就是这样一种关系。

中国哲学的基本精神在天人合一，中国美学的基本精神也在天人合一。这种合一不是在实践意义上，而是在精神意义上。中国哲学讲的宇宙本体——道，就是天人合一的产物。道，是自然之精灵，然不是自然界；道似是世界的主宰，却不是神；道具有人一般的智慧，却不是人。虽说道不是自然界，却在自然界最突出地体现出来；虽说道不是神，却具有神一般的功能；虽然道不是人，却在内在精神上通向人。

欣赏奇石，我们常能从中品尝出“道”的意味，那种兼自然、神灵、人心于一体的意味。

奇石是浓缩的自然，是袖珍的天工；奇石又是人心的山水，是物化的人情。

放开来想，任何一块奇石的生成，都有一部惊心动魄的历史。地心熔炉的冶炼，火山爆发的锻造、造山运动的震裂、浪花的淘洗、巨潮的冲撞还有太阳的暴烤、冰雪的冷冻，各种动植物对它的作用……可说是全部的自然力的作用方才成就了它的这般模样。

任何一块奇石的生成史都是一部自然演变的历史，好些奇石本就是化石。“艰难玉成”啊，其实也可以说艰难石成。

这过程，是怎样的惊天动地，又是怎样的奇妙幻化。自然之伟力，是怎样的雷霆万钧，又怎样的精密轻微。不然，怎能有如此精绝的奇石。且看这块鸟图案的奇石，那炯炯有神的眼睛，那精细如丝的尽善尽美的羽毛。不是运笔如神，怎能如此传神？

奇石自然以肖形石为贵。不过，不肖形也未必不能成为奇石。这正如艺术创作中有写实主义与浪漫主义之别。写实主义以象形为美，而浪漫主义以写意为美。象形与写意应没有高下之别。

笔者曾在小三峡拾得几枚奇石，并不肖形。也许因为它不肖形，它被游人视为敝履。而笔者却爱其状貌之不凡，它给我的联想、启示是无限的，这无限正在于它不肖形。我将它置于经常可以见到的地方，面对它凝思，神飞天外……

有一次我与朋友去海滩捡奇石，他捡的奇石我并不欣赏，而我捡的奇石他并不以为然。我明白，这奇石其实也是视人而异的。

也许，奇石与非奇石并没有绝对的界限，也许普通处也正是奇绝处。

美哉，奇石！

游路之趣

一

游山玩水，少不了要走路。

几曾有人将走路当做目的的？《世说新语·任诞》中有一则故事：

王子猷居山阴，夜大雪，眠觉开室命酌酒，四望皎然，因起彷徨，咏左思《招隐》诗，忽忆戴安道，时戴在剡，即便乘小船就之，经宿方至，造门不前而返。人问其故，王曰："吾本乘兴而来，尽兴而返,何必见戴?”

这王子猷真有点意思。他想去看朋友,连夜乘小船就之,整整一夜的水路,天亮方到达朋友的门前。按常理,是应该敲门进去,哪怕无甚要事,也得喝一杯茶,寒暄一阵。然而他却“造门不前而返”,打道回府。这不是将走路当做目的了么?

二

为走路而走路,自然也是有的,比如散步。但散步严格来说也是有目的的,或为了锻炼身体,或为了与情侣或朋友谈话,通常戏称“轧马路”。但游山玩水的走路似乎与之不同,走路其本身也是游玩。

在杭州工作时,我最喜欢去的地方是上天竺,其实上天竺本身也没有多少可玩的。我最喜欢的就是通向上天竺的那条路。

很奇怪,在我的心目中,那条幽静的山路所给我的审美愉快竟远胜于美人般的西湖。

三

站在某一个观景点观赏风景与边走边观赏风景,那是不同的味道。前者叫静观,后者叫动观。静观,以我观物,物我之间多少有些距离,我是我,物是物。物是我的对象,我是物的主体。动观,虽也是以我观物,但我与物之间的距离大为缩短了。我不只是以心融入画面(这在静观也可做到),而且也以身融入画面了。人在画中游，物我的界限打破了。这时我所获得的审美快乐是静观所不能比拟的。

游索溪峪的十里画廊，那的确是人在画中游，一条不长的峡谷，充满奇异和神秘的气息。你仿佛身处神话般的境界，时而是迎面而来的仙翁向你致意，时而是满目狰狞的天将向你逞威；时而又是各种珍禽异兽在你身旁奔逐、喧嚷，时而又是美丽的仙女在微笑地向你献花……你的心时而惊骇，时而舒畅，时而振奋，时而倾倒……

我喜欢边走边游，那才是真正的物我两忘，那才是真正的飘然欲仙。

四

乘车游与走着游，味道又是两样的。

我在新加坡游动物园那是乘车游的。动物在园内自由自在，两相比较，游人倒不怎么自由了。不过，这样看到的动物很有生气，而且时而有动物走近我们的车边来，有只羚羊竟好奇地向车窗内窥望，那种滋味真叫人惊喜之至。

张家界的金鞭溪游览线原先是没有马路的，现在通车了，可我劝朋友还是走路的好。走路的好处在于可以随时停下来，细细品赏你所认为的佳景。如果有一二旅伴，还可交谈讨论，其情趣就更浓了。

五

赶路当然宜走大路、直路，游山则不一定了。

我不主张景区的路都建成大路、直路，某些小景区甚至还应以小路、曲路为主。南岳衡山靠近半山亭处有一小景区以怪石成群取胜，景区建设者巧妙地设计了一条盘陀小路，让游人在乱石群中兜来兜去，别有情趣。南岳藏经殿景区以隐秀优雅著称。这里没有大路，只有小径，如若将小径改成大路，肯定隐秀优雅全没有了。

一般来说山顶不宜修大路，修成平坦的大路，这山就显得矮了。江南某一名山，山顶原只有一条砂石的曲折小路，有些地段，路还为丛莽隐蔽，为游山者增添了不少情趣。然后来山顶的小路给改成了宽广的水泥马路，在山顶走路竟与在平地走路感觉一样，结果自然是情趣索然。惜乎哉！

六

游山的路在适当的地段保留或设计几分艰险，会给游山者带来很大的乐趣。黄山的天都峰原来登山没有台阶，现在石坡上挖出浅浅的台阶，这是必要的，但千万不能再加工了，就这个样子，攀登起来才有趣味。天都峰上的鲫鱼背之所以闻名遐迩，自古至今吸引着成千成万勇敢的游客，不就在于它是一段令人心惊胆颤的险路吗？

游山玩水其实不只是逍遥，也是人对自然、对困难的挑战。

游山玩水之乐不只在耳目之娱,也在人对困难的征服。人总是以战斗者的姿态对待他所面临的一切,哪怕是寄情山水。

游山玩水的路,特别是有那么几分艰险的路之所以具有特别的价值,大概就在这里吧!

七

旅游的走路与一般的走路根本的不同在于,一般的走路只是手段,走路是功利性的,我们叫它为“赶路”;而旅游的走路,它不只是手段,也是目的,或者说它的手段与目的是统一的。旅游的最大目的在快乐,诚然观景是快乐,听景是快乐,难道不能将步景也变成快乐?

正是因为这样,游山玩水,我们一方面不要害怕走路,另一方面也要学会走路。那就是尽量让走路走出快乐来,走出美感来。

与之相应,我们风景区的建设者就要精心设计好旅游的路,让游山玩水的路也成为真正的景观路。

品山鉴水

三峡之魂

一

长江从青藏高原的巴颜喀拉山雪峰发源,沿途汇聚涓涓细流,终成一条大河,穿越青海的森林、河谷。进入四川境内,山岭的阻遏越来越多,在川鄂交界处,遇到前所未有的成群、成排的崇山峻岭的阻挡。长江顿时狂怒不已,犹如一条气力无比的巨龙,它冲撞着,冲撞着,摇天撼地;山岭拼命抵抗,然长江义无反顾,一往无前。不知经几千几万年的努力,终于,崇山峻岭恐慌了,让步了,退出一条道来。于是,长江挟天地风雷,聚宇宙灵韵,浩浩荡荡地奔向东方,直入平原,通向大海。

这,由四川奉节开始至湖北宜昌结束的从崇山峻岭中开出的河道,就成了著名的三峡。

二

我每次从长江三峡经过,都在痴痴地想,三峡的开辟是多么的艰辛。你看,那高山,何等的庞大,何等的魁梧,何等的横蛮!每仰之,都感到脖子酸痛;每视之,都自认无比渺小。然江水,俯拾可掬、柔弱无骨的江水,视之若无,而终以柔克刚。这是何等的力量啊!

出生于楚地的中国第一位哲学家老子曰:"天下莫柔弱于水,而攻坚强者莫之能胜,以其无以易之。"①我想老子一定来过三峡,他的主柔的道家哲学是中华文化两大主流文化之一。这文化难道没有楚地山水的启迪,而且明确地是长江三峡的启迪么?

以柔克刚——中国哲学的圣则。三峡莫非就是这圣则的出处。

江水之所以攻坚强莫之能胜,老子说是"以其无以易之",好个"以其无"!水是"无"么?"无"是什么?这是中国最重要的哲学智慧!老子之所以是老子,正在于他的"无"与"有"的哲学。老子云:"无,名天地之始;有,名万物之母。故常无,欲以

① 《老子·七十八章》。

观其妙;常有,欲以观其徼。”①这话千百年来让无数的学者思索、捉摸,欲说还休,欲说还休……

三

说到三峡,不能不提到它的险。三峡之险以瞿塘峡的滟预堆最有名,关于滟预堆,有民谣曰:“滟预大如马,瞿塘不可下;滟预大如象,瞿塘不可上;滟预大如蹼,瞿塘不可触;滟预大如龟,瞿塘不可窥;滟预大如鳖,瞿塘行舟绝。”

然而这滟预堆不可战胜吗?能!船工总结的经验是三个字:“对我来!”意即只要正对着这滟预礁冲去,临近礁石时,由于水流的漩涡作用,船反倒给荡开了。

这真是奇妙的智慧,人们的生活经验是遇险而避,而在这里,却是遇险而上。我又一次想起了老子,他说“反者道之动”②,真是绝了,这“对我来”,不是很好的注脚么?我还想起了小学时,老师教我写字,说是要“逆锋”,这一横,要先逆锋向左,然后才拖笔向右。

履险如夷,举重若轻,抟钢如泥,要说美,这是最有魅力的美了。试想想,当那有经验的技术熟练的船工,以无比的机敏、果敢、巧妙,在滟预堆附近的急流、漩涡中,轻松地操纵那条船时,呈现在你眼前的一幕该是何等的惊心动魄!而在经历过一场心灵的虚惊后,你将感到从未有过的愉快!

---

① 《老子·一章》。
② 《老子·四十章》。

不知是哪个朝代，有人将滟预之景称之为“滟预回澜”，并有诗赞美，其一曰：“观澜曾到小孤限，奇境终输滟预堆。江似文星原喜曲，波如舞袖每重回。排三峡倒非无力，障百川东信有才……”诗写得真好。

滟预堆因其太险，于行船不利，早在二十世纪五十年代已炸掉了。我过三峡时，有人指着滟预堆的原址给我看，只见一滩黄水在奔流，与别的水面没什么不同。我叹惋，那战胜滟预堆的智慧与美，只能存在我的想象之中了。

四

我在不同的天气走过长江三峡，当然，大雨倾盆与大雾弥天那是最差的天气，行船很困难，甚至不能行船，三峡的美景是看不到的。然而，有云，云不太多，有雾，雾不太重的天气对于观景来说，倒是很好的天气。记得有一次过三峡，是阴天，山峡有云雾，两岸的高山只能隐隐现出峰来。云过了，峰露了；雾来了，峰隐了。船过巫峡，满船的人挤在甲板上看神女峰，有人说看见了，有人说没有看见。我属没有看清的一个。那一簇山峰，到底哪座是美丽的神女峰呢？我只能拼命地看，看不清，就猜，就想象，于是，我似乎看见那神女了，她体态绰约，飘带飞动，若隐若现，正在云雾中走动呢！我心驰神往，飘飘欲仙。云雾中的三峡是神秘的，神秘固然是美，但它又让人感到不满足。神女，我多么想撩起你的面纱！

最近一次游三峡倒遇上了大晴天，从三峡穿过，差不多有名的每座峰我都能看得清楚。神女峰，那三峡最神秘最美丽的峰,我终于看清楚你了,一睹芳容的欲望完全满足了。我高兴,愉快。但是,那神女实在不漂亮啊。一尊凸出的尖尖的石头,怎么看也不像神女。导游以为我嫌它小,说,别看它只那么点,六米高呢。六米高又能怎样呢?

这真让神女为难了!

五

不过,这晴天,对于观赏瞿塘峡的石壁却最是适宜。在整个三峡的景色中,若论雄壮、丰富、奇妙,我认为当首推瞿塘峡。瞿塘峡的入口处——夔门,号称天下雄。两座大山紧紧地锁住大江,江面顿时变窄了。江水如惊慌的孩子,争先恐后地涌进峡口。不过,我最欣赏瞿塘峡的,倒还不是入峡口的江水,而是那崖壁。整个崖壁,从江面到山顶都称得上奇妙。我首先注意到的是悬崖的基座,与江水相接并向上伸展的裸露的岸石。那是何等奇丽的岸石啊。一段段都不一样,或奇崛,或整齐,或粗犷,或细腻。有的线纹垂直,有的线纹倾斜,有的呈波浪状,有的呈飞箭状,有的为垒起的梯田,有的为陡峭的城墙。岸石往上,则为植被覆盖的绝壁了。它颜色斑驳,看似一幅幅山水画。有的水墨淋漓,似刚刚挥就;有的彩墨横飞,惊彩绝艳。

这大自然的画本就是神奇的,然在这崖壁上又增添了人的作品——石刻,这就更为绚丽。夔门南岸白盐山断壁下,有一块千余米长平滑如镜的石壁,刻满了各种文字,字体有篆、楷、隶、行等。大的两米见方,小的指头大小。清代张兆伯写的"瞿塘"二字,苍劲有力;刘心源写的"夔门",正宗隶体,古朴典雅,与这鬼斧神工般的瞿塘峡倒也相映成趣。

三峡,大自然与人类共同创作的伟大作品!

六

我们的祖先到底从什么时候起在三峡栖息,目前还是一个谜。不过,在瞿塘峡东口黛溪入江处的大溪镇有惊人的发现。某次劳动中,有农民捡到了一枚古猿人的牙齿化石,检测年代,系 204 万年前人类的化石。这就是说,至少在 204 万年前,就有人在此居住了。204 万年前的人,也许还不能称为人,只能称为猿人,也就在这个大溪镇,还发现了距今五千年的母系民族社会的遗存。这个发现非常重要,它说明三峡并不是蛮荒之地,它是人类文明的摇篮。

就自然状貌来说,三峡早在人类产生前就形成了,是自然为人类施展才华提供了伟大的舞台,然又是人类,用自己的智慧与劳动,人化了、改造了、美化了自然。历史就这样一天天、一代代积累着,沉积着,犹如生物有机体沉埋地下,经数千万、上亿年高温冶炼,方才转化成石油、煤,三峡的人文底蕴就是石油,就是煤。谁能说得尽三峡的历史文化,谁能说得尽三峡的代代风流?还能说三峡是自然的产物吗?不能。作为文明,它是人类与自然共同创作的结晶,是华夏民族历代子孙以自己灿烂的智慧、伟大的劳作、惊天动地的业绩创造了三峡。

我感到三峡有颗巨大的心脏在跳动,这心脏就是我们华夏民族。我在三峡旅行的过程中,时刻听到这颗心脏跳动的伟音。

七

不是吗,当我到达秭归时,猛听得这心脏的伟音更为强烈了。我瞩目这座古老的县城,肃然起敬。这里,产生了中国第一位诗人——屈原。

屈原写的作品称之为楚辞,楚辞的风格,用中国古代最著名的文学批评家刘勰的话来说是"惊彩绝艳"。楚辞是中国文学两大源头之一,与《诗经》并列。而就其文学价值来说,它较《诗经》更胜一筹。中国的文物典章、文学艺术从楚辞吸取了多少营养,而屈原又从这三峡吸取了多少营养。可以说,是三峡铸就了屈原不朽的灵魂,造就了他绝世的才华。我在三峡航行,强烈地感到,楚辞之绚丽、之奇诡都与三峡有种内在精神的一致。

屈原,不仅是中国第一位伟大的诗人,而且是第一位爱国主义的诗人。

"吾令凤鸟飞腾兮,继之以日夜。飘风屯日其相离兮,帅云霓而来御!"

"路漫漫其修远兮,吾将上下而求索!"①

屈原的高风亮节,如三峡的高山,如幽谷的兰草,如秋日的晴空,如夔门的惊涛,在人心中矗立起一座不朽的丰碑。全世界的华人谁个不知道端午节,谁个不知道屈原?

秭归还出了一位绝代佳人——王昭君。王昭君与屈原虽然在很多方面相异,一个是须眉丈夫,一个是柔弱女子,但是他们

---

① 屈原:《离骚》。

在两个最基本的方面是一致的，都爱国：屈原用生命殉国，王昭君用青春殉国。奇诡的文字与幽怨的琵琶唱的是同一首歌：祖国高于一切，他们都是“美人”啊。

我在船头，注目那立在山腰的屈子祠，看见了香溪河口王昭君的雕像。

八

三峡是美的宝库、艺术的宝库。

滔滔的长江流进三峡就成了诗，不是吗？谁个不知李白在白帝城下高歌：“朝辞白帝彩云间，千里江陵一日还。两岸猿声啼不住，轻舟已过万重山。”①哪个不晓杜甫在奉节写的咏三峡名句：“无边落木萧萧下，不尽长江滚滚来。”②

唐朝著名的诗人刘禹锡曾贬至奉节，在此，他写了不少好诗。其中的组诗《竹枝词》仿当地民歌，清新美丽，脍炙人口。我最喜欢的是这首竹枝词：“杨柳青青江水平，闻郎江上唱歌声，东边日出西边雨，道是无晴却有晴。”真叫人心爱不已。从诗，也可看出三峡的民风是非常美丽的。

杜甫贪爱三峡，在奉节一住就是一年又九个月，写了400多首诗，几乎每天一首。白帝城下，杜甫的故居——西阁，面临大江，正在三峡入口处，杜甫夜枕江涛，日观奇峰，奇思妙句怎能不奔涌而来呢？我去游白帝城，驻足西阁，徘徊流连，寻访诗人遗

---

① 李白：《早发白帝城》。

② 杜甫：《登高》。

迹。楼阁旁，一丛青翠的芭蕉，分外可爱，它当然是后人种的，但它伴着院子里清瘦的杜甫雕像，倒也为这院落增添了不少生动与韵味。依栏临江，遥想当年杜甫情状，心如潮涌，不能自已。这 江山之助才思，只有到这里，才得真有所感悟。我想起清代李渔的一句话："才情者，人心之山水；山水者，天地之才情。"①这话可谓经典。

三峡，出了多少诗，没人说得清；出了多少画，没人算得清；出了多少歌，没有数得清。我只知道，三峡的奉节因历代诗人吟咏甚多，而称之为诗城。

三峡，诗的峡，画的峡，歌的峡！

九

三峡收中国风景的雄、秀、奇、幽、险于一体。我觉得作为中国文化源头之一的荆楚文化与三峡自然风光有种神秘的内在联系。

楚人嗜巫，崇奉多种神灵崇拜。这些神灵，有人的智慧、美丽，但又有山川的神奇、瑰丽。屈原的《九歌》中都是敬神、娱神的歌，从这些神你能依稀看到三峡的影子。你看那云神——云中君，何等的绚丽，何等的飘逸："浴兰汤兮沐芳，华采衣兮若英。灵连蜷兮既留，烂昭昭兮未央。"②这云中君的形象顾名思义，来自三峡的云雾。巫峡中的神女峰，是最令人向往的。神女

---

① 李渔：《笠翁文集·梁冶湄明府西湖垂钓图赞》。

② 屈原：《九歌·云中君》。

说是王母最小的女儿，她与十一位姐姐来到人间帮助大禹治水，最后不愿回归天庭，在三峡化成十二座山峰。故事是美丽的，但我更相信她就是云中君。神女与云关系太密切了。楚襄王梦神女，神女述其形象是“朝为行云，暮为行雨”。神女峰如果没有云的呵护、伴随，就不美了，其实，神女峰还有个名字：“望霞峰。”

《九歌》中的山鬼其实是一位极美丽的少女，不过，这样的少女，也有些令人望而生畏，你看她：“乘赤豹兮从文狸，辛夷车兮结桂旗。”而这位少女又偏多情：“怨公子兮怅忘归，君思我兮不得闲。”①我想这山鬼很可能原是普通农家少女，她也许在爱情上不得意，死后化成这般模样。三峡的峰哪座才是山鬼呢？我觉得很多座都似，又不能定哪座是。在三峡航行，看到那奇山秀峰，我总是联想到屈原《九歌》中的神灵。

我们的游船进入三峡最美丽的河段——巫峡。为什么叫“巫”呢？我能想象当年这两岸炽烈的巫风。沿途送入眼帘的风景净是奇异，你听听这景点的名字就令人心驰神往了：巫山十二峰——起云峰、翠屏峰、飞凤峰、上升峰、乘鹤峰、松峦峰、朝云峰、集仙峰、望霞峰、圣泉峰、净坛峰、登龙峰；巫山八景——宁河晚渡、青溪渔钓、阳台暮雨、南陵春晓、夕霞晚照、澄潭秋月、秀峰禅刹、巫山三台（楚阳台、授书台、斩龙台）。

中国的道家哲学实际上是很美学化的哲学，你看道家的经典之一《庄子》，全是神话、传说、故事，而且都异想天开，绚丽之至，形象特别地伟大、奇异。你能看到“其翼如垂天之云”的大

---

① 屈原：《九歌·山鬼》。

鸟吗？你能见到“以八千岁为春，八千岁为秋”的大椿吗？你能见到“藐姑射之山”那“乘云气，御飞龙，而游于四海之外”的神人吗？这在《庄子》中全有。我在游三峡时，虽未必能见到《庄子》中所说的那些大鸟、大树、神人等，但从那种“谬悠之说、荒唐之言、无端崖之辞”中我能感受到那种超越时空的人文精神，那种既囊天地于宇内，又放豪情于世外的仙家气概。

道家的哲学是以自然为本体的，它是自然的伟大颂歌。“天地有大美”，还有比天地更美的么？没有。我觉得老子、庄子关于人生的那些大道理其实都是从观察自然中得出的。他们说的“道”——自然之真缔、宇宙之本体、人生之要义，似乎在这三峡中都能隐隐地悟出。老子、庄子都是楚人，你能肯定他们就没有来过三峡吗？

三峡，一部楚文化的形象画册，一部道家的哲学经典。

十

当然，说三峡是楚文化的形象画册，还是不够全面的，因为纯粹的楚文化只存在于春秋战国最多到西汉一段时间，而三峡经历代经营，早就成为整个中华民族文化的宝库了。

白帝城上托孤堂，演绎着中华民族精神的另一部辉煌乐章。刘关张桃园三结义，在此处焕发出了夺目的光辉。坐落在奉节城东约 15 里的白帝山上的那座白帝城，从江面上看去，是极为神秘的。楼台亭阁掩映在森林之中，只见几面旌旗在飘荡。白帝城原是东汉公孙述的庙宇，公孙述自立天子，割据奉节一带，按中国正统，实属乱臣贼子，因而在明代，就有地方官将它改为刘备的祭庙。其内设托孤堂，纪念刘备托孤于诸葛亮这一桩历史事件。说起来，也很耐人寻味，这事件的主题就是两个字："忠义"。中国是一个以伦理为立国之本的国家，而在伦理中，建立在孝悌基础上的忠义，是做人的最高准则，也是维持社会安定的根本精神。刘关张的桃园三结义为义之典范，传为千古佳话。因此，尽管彝陵之战刘备兵败身亡，在军事上、政治上无疑是失败者，但他在伦理上却是胜利者，因为他完全是为了给关云长复仇而去打这场根本不应打的战争的。中国人就是这样看重这义，就因为这义，人们原谅甚至忽视刘备在政治上、军事上的失误。而这场大战的胜利者陆逊，反而被冷落了。人们的伦理立场就是这样的重要，这样的坚定！彝陵之战是托孤之缘起，而托孤歌颂的是中国人非常看重的另一道德——"忠"。诸葛亮无疑是忠的典范。杜甫在奉节居住时，曾写诗纪念这一历史事件，讴歌诸葛亮的声誉是"万古云霄一羽毛"。中国的儒家是最为主张忠义的，随着儒家文化成为中国的主流文化，忠义也就成了中国文化的基本精神之一。

像这种体现忠义精神的名胜在三峡中，还不只是白帝城这处古迹，瞿塘峡绝壁上有人工凿就的方形石孔，形成"之"字形的阶梯，人称孟良梯。这是与北宋抗辽名将杨继业有关的另一个忠义的故事。杨继业不幸为国捐躯后，尸骨被辽兵存放在这三峡的白盐山上，风吹日晒，裸露于天地。孟良系杨继业之子杨六郎手下的大将，他是冒着生命危险来盗尸骨的。当然，就史实来说，杨继业并不死在三峡，尸骨存放白盐山，子虚乌有的事。这故事怎么编出来的，现在也不清楚了。不过，这不要紧，人们并不因为它不是事实而抛弃它，因为它歌颂的也是中华民族最为看重的忠义！

瞿塘峡的粉壁墙，从某种意义可以说是忠义墙，那上面的摩崖石刻，大多与忠义有关，你看，最古老的是南宋的《宋中兴圣德颂》，这碑并不是歌颂忠义的，但它说的是与宋高宗赵构有关的事。宋高宗是有名的投降派。看这块碑，让我们回味那屈辱的岁月，自然会想起了“壮怀激烈”的爱国名将岳飞。其实只要仔细品味，尚能感受到此碑字里行间仍流荡着一股怨愤之气，让人扼腕。似乎与之相回应似的，在此碑旁，有两块巨大的摩崖石刻，一块是著名的爱国将领冯玉祥写的“踏出夔门打走倭寇”；另一块是孙元良将军写的“夔门天下雄，舰船轻轻过”。这两句话，把人们一下子带到烽火连天的抗日岁月。

从屈原、刘备、杨继业、孟良、岳飞到冯玉祥、孙元良，虽然他们事迹的内容不完全一样，但高唱的都是同一曲华夏爱国之歌、正气之歌。这歌声挟惊涛千里，直走东海；这歌声伴壮丽山河，永远不朽。

华夏精神，三峡之魂！

桃源梦寻

一

记得还在读中学时，就学过陶渊明的《桃花源记》，记中所描写的武陵渔人问津桃花源的故事，将幼年的我迷得如醉如痴。好几回我都梦见桃花源，每次醒来，眼前晃动的是一片粉红的烟雾，还有秦人古舍中俏丽的村姑、银须飘冉的老者。那时，我就想一定得去访访桃花源。

机会终于来了，而且，我已四次访过桃花源，每次都兴味盎然。桃花源对我具有如此巨大的魅力，连我自己也感到惊讶，难道我的桃源梦还没有醒么？

二

桃花源的魅力首先在洞，正是这洞将两个世界隔开了，一为世外，一为世内；一为仙境，一为人间。那洞何在呢？

前几次游桃花源，都把桃花山上水源亭对面岩壁上的那个小山洞当做文中说的“小口”了，那个地方的风景也很好，一口清潭，三面为石壁，青苔满布，一面为平地，建有一亭，即水源亭。潭水沿石壁飞泻而下，形成一瀑布，瀑面虽仄，但落差很大，自高空坠下，犹如一条银练。那洞可容一人出入，出洞后，为一水库，当年可能是一水池，水池周围，青山环列，林木蓊郁，静谧、幽深。神清气爽之际，我略感疑惑，陶渊明的文章明明说，出洞后，“豁然开朗，土地平旷，屋舍俨然，有良田、美池、桑竹之属”。可此景不对呀！看洞口的石壁上镶嵌了碑铭，一块为“洞口常春”，系明代常德知府林应亮所题；一块为“秦人古洞”，系清代桃源知县余良栋所撰。查桃花源的史料，唐朝时狄中立的《桃源观山界记》云此洞：“厥状如门，巨石屏蔽，灵迹犹存。”可见在唐代就是一景了，但是不是秦人古洞，唐人没有明说。

我第四次来桃花源时，与湖南桃花源管理处的顾问刘先生谈起我的疑惑，刘先生告诉我，陶渊明写的“山有小口”，那“小口”其实不是山洞，是山谷。当年这个口很小，两山相夹，极狭窄，后来修路将这个口子劈开了，如今国道从这里通过。这样说来，国道两旁、桃花山与桃源山之间的大片田畴才是当时的秦人村。

那条引渔人入洞的神秘小溪是从这个山口流出来的。《桃源陶氏族谱》中有诗曰:"一水穿岩击浪沙,沿溪楮木似龙蛇。"楮木,弯曲多疙瘩,形似龙蛇,可见当年此洞荆棘丛生,不易穿过。也许正因为此,后人将它神秘化了。唐代诗人张旭有《桃花溪》诗云:

隐隐飞桥隔野烟,
石几西畔问渔船。
桃花尽日随流水,
洞在清溪何处边。

看来,秦人古洞在唐代就弄不清楚了。如果是这样,刘先生的发现是个很大的贡献。

三

疑问还有。《桃花源记》说武陵渔人"缘溪行,忘路之远近,忽逢桃花林"。看来武陵(今湖南常德)渔人是从沅江进入桃花溪上岸后来到桃花源的,缘溪行怎么会忘路之远近呢? 我四次游桃花源,有两次是坐船去的,从桃源县城出发,穿行于画山绣水之间,约一小时,登岸,再步行半小时,就到了桃花源。虽然没有沿溪,那溪也就在马路不远处,根本没有"忘路之远近"的感觉。

直到 2000 年仲春,湖南桃花源风景区请我为他们的景区规划做评审,我在景区顾问刘先生的陪同下考察了桃花山背后的嶂山才得以明白。从桃花山翻过去,进入嶂山,那是一大片人烟稀少的丘陵,风景极美,鸟鸣山幽,山谷交错,时分时合。谷中有小溪,蜿蜒曲折,水流清亮,空明澄透。溪畔有小路,不知通向何方,走着走着,就迷路了。刘顾问在景区工作了几十年,在此勘察山水,也不知迷路多少次。至此,我才恍然大悟:当年,没有修路,此地不与外界相通,武陵渔人在此山谷中转来兜去,极易“忘路之远近”的,如果不是桃花林的吸引,渔人未必能寻到秦人村。

四

是因为误解,还是因为别的,反正,桃花源就成了桃源洞了。描绘桃花源的许多诗文,径直将桃花源说成是桃源洞。这一改,桃花源的意义就不同了。本来,桃花源是秦人避战乱的地方,它的意义不过是反映社会的动荡给人民带来的深重灾难,而改成桃源洞,它就是仙境了。不是有神仙洞府的说法吗?中国文化说的仙,一是在天上,一是在人间,天上的仙界虽然也美,但虚无飘渺,语多不稽,看来,中国人对高处不胜寒的天宫多是景慕而未必向往,比之天宫,中国人倒更钟情于人间的仙界。人间的仙界多好,青山秀水,鸟语花香,有吃不完的山珍海味,赏不尽的丝竹管弦,更重要的有红粉佳人,朋友知已。总之,人间幸福全有,但人间的灾难全无。那么,这样一个人间的仙境在哪里呢?在洞府。洞门一关,自成天地。

洞在人间,却不在世俗,是世外,却又在世内,故称之曰“世外桃源”。清代文人江盈科有《秦人洞说》一文,文曰:“当日渔郎,实有其事。所至之境,如记称鸡犬相闻,阡陌交通,实是仙界。盖仙界者不离人世,不即人世,有无之间,真幻之际。”——说得很好!

由避战之绝地,到世外之仙界,中华文化的精神风貌于此可见一斑。中华文化重世俗人生,但又追求精神超越,二者不能分离,于是,就在世俗中实现超越,在人间缔造仙界。这与西方文化灵与肉的分离,神界与凡界乖违,可说大相径庭。

“世外桃源”——中国人理想人生的另一表述!

五

桃花源的景观以桃花与清溪为特色,桃花与清溪相配合,可谓绝妙。

作为景区大门的桃花源牌坊刻有一联。联曰:“红树青山,斜阳古道;桃花流水,福地洞天。”好个“红树青山”、“桃花流水”!这里,不仅色彩在对立中互补,更见绚丽,视觉上纵横运动,更见动感,而且“桃花”与“流水”相互逗发,构成一种惹人遐想的美妙情趣与意境。试看看那条曾经引导过渔人的桃花溪,在红霞似的桃林中蜿蜒流过,碧绿的水面上浮着落英,点点花瓣轻托流水款款流动。试想想,当年它从神秘的山口流出,该有何等的诱惑力啊!渔人不就是敌不住美的诱惑才冒险进入山口的么?怪道王阳明说:“桃源在何许?西峰最深处。不用问渔人,沿溪踏花去。"①桃花、流水是最好的向导。

桃花流水的美是一种仙境的美，它绚丽，又平淡；流动，又静谧。黄庭坚似乎感受到了这种仙境的美妙与清冷，他吟道："溪上桃花无数，花上有黄鹂。我欲穿花寻路，直入白云深处，浩气展虹霓，只恐花深处，红露湿人衣。"②洞中春色难锁，尽管有人一再慨叹"花飞莫遣随流水，怕有渔郎来问津"。桃花还是禁不住随流水出洞来，仙境虽然美，没有人去又有何意义呢？仙人其实也是人。

桃花在中国文化中的审美意味特别丰富。它的外形无比艳丽，"桃之夭夭，灼灼其华"。其美在诸花之上，故将桃花比做美人。桃花的内涵，一般来说，难能免俗。令人感到奇怪的是，它一与流水结合，便高雅得潇洒出尘！一处"世外"，便成了人间仙境。

传导仙界信息的流水桃花，无疑美妙迷人，不随遣流水的桃花又如何呢？大儒朱熹的《桃溪》一诗出语不凡，诗云：

洞里春泉响，
种桃泉上头。
烂红纷委地，
未肯出山流。

真是"在山泉水清，出山泉水浊"。落红宁肯委地，也不愿

---

① 王阳明：《桃源洞》。
② 黄庭坚：《水调歌头》。

随波逐流，何等的洁身自好，何等的高雅脱俗。此桃花既不是仙境的象征，也不是美女的比喻，分明是士人气节的写照。“烂红纷委地，未肯出山流。”我首先想起的是不为五斗米折腰的陶渊明！

在桃花溪水旁我久久地徘徊，“山自青青水自流”，青山常在，白云常在，碧水常在。我徘徊之地，可是渔人寻津、陶公吟诗之地？

“桃红又是一年春。”今年的桃花开得真好！

六

自山麓的菊圃，到山腰的集贤祠、桃花观，再到这山顶的高举阁我都在观仰，我不只在观仰此地秀美的风光，还在观仰一个伟大的人，他就是陶渊明。如果说桃花流水、青山幽洞是此地景观的外貌，那么，陶渊明则是此地景观的灵魂。没有陶渊明，就没有了桃花源。

菊圃、集贤祠、桃花观、高举阁都是纪念陶渊明的。各处景观都有特色，菊圃为一四合院的建筑，正面的厅堂为渊明祠。集贤祠本名靖节祠，建于唐初，明末清初，奉祀王维、孟浩然、李白、刘禹锡、韩愈、苏轼等先贤，故改名集贤祠。桃花观本为道观，是桃花源的主体建筑，左有蹑风亭，右有玩月亭，风景绝佳。它与陶渊明的关系主要在民国初年，桃源知县在观内辟有“古隐君子之堂”以祀陶公。高举阁建于桃花山顶，从陶渊明的“高举寻吾契”诗句中得名。

这三处名胜中大量的碑刻、楹联，充分展示陶渊明的光辉人格。

陶渊明虽然做过官,但绝大多数岁月还是在隐居,陶渊明的曾祖陶侃曾受封为长沙郡公,陶渊明自己也做过大军阀荆州刺史桓玄的幕僚,湖南武陵(常德)距荆州不远,风景之佳,素擅美名,爱好山水的陶渊明不能不去游览,桃花源一带他很可能隐居过。

隐士是中国非常重要的文化现象。早在商周,就有隐士存在,反对周武王革命的伯夷、叔齐后来都成为隐士。隐士属在野的知识分子,他们中不乏沽名钓誉之徒,但也有不少人才,姜子牙、诸葛亮出山前都是隐士。隐士的政治态度很复杂,从哲学思想上来看,不管真隐,假隐,都标榜道家,崇尚自然。他们的存在,构成中国文化一道奇异的景观。分析隐士文化的性质、意义当然不是本文的任务,这里提及,乃是因为桃花源作为一处风景名胜,其重要价值在于它是中国隐逸文化的典型。

陶渊明无疑是隐士的卓越代表。作为隐士的卓越代表,陶渊明有两点为其他隐士所不及的地方,一是他的崇高气节,“不为五斗米折腰”,这点特别为人称道,传为千古佳话;二是他亲自参加田间劳动,与农民的关系很好。

作为伟大的诗人,陶渊明上继屈原,下开李白,开创了中国清新诗派。他将诗的题材从山水扩大到田园,是田园诗的首创者。

陶公于中国文化的贡献伟哉!

正是因为有了陶渊明这样伟大的人物为桃花源写了诗并记,才使桃花源千古流芳。

正是因为有了陶渊明的《桃花源记并诗》,才引来无数的名人来此观赏、栖迟、吟咏。让我来稍许开列一下唐、宋、元、明四代写过桃花源诗文的名人的名单吧。唐代:孟浩然、张旭、王昌龄、王维、李白、刘禹锡、韩愈、王建、刘长卿、杜牧、章碣等;宋代:张咏、梅尧臣、苏轼、王安石、秦观、黄庭坚、朱熹、陆游、姜夔、谢枋得等;元代:张斛、元好问、许衡、吴澄、刘因、揭文斯、萨都剌、傅若金等;明代:薛暄、文澍、王阳明、江盈科、袁宏道、袁中道、杨嗣昌、张镜心等。据说,历代关于桃花源的诗文多达二三十万字。

桃花源当之无愧是一座辉煌的中国古代的文化馆。在桃花源游览,犹如在读一部中国古代的隐逸文化史、文学史。

天地之才情——武夷山

一

自从2000年春天从武夷山归来，武夷山那奇丽的山水，总在我的脑海里闪现，真可说得上梦魂牵绕啊，日日夜夜！带着它，这一年来，我漂洋过海，驻足过四个异国的土地。异国的山水自然也有它的佳处，但我觉得哪儿的山水也比不上我的武夷山！

二

天上奇山秀水可谓多矣，或雄壮，或秀丽，或奇警，或平易，或幽邃，或旷远……武夷呢？似乎都兼而有之，但若从总体美学品格言之，应是秀美。这秀美，既具大家闺秀的富艳，又兼小家碧玉的俏丽，既有诗情画意的俊雅，又有渔歌樵唱的野趣；娴静通向恬淡，灵动展示巧媚。

九曲溪，武夷的华彩乐章。这是一条顺着山势有着九段曲腰的溪流，两岸是青悠悠的山，流淌的是绿莹莹的水。一叶武夷山特制竹排载我们从九曲顺流而下，弹奏起这一曲绝妙的天地之乐章。武夷的亲、武夷的柔、武夷的丽、武夷的媚，尽在其中。

三

放眼看山，山山皆翠，纵目望峰，峰峰皆秀。船工深情为我们解说那一山一峰的名字，它的典故，它的文化，然而我们更注重的是它的自然生态。我注意到它们的模样几乎没有一个是相同的，有的磅礴、有的尖峭、有的浑圆、有的瘦削、有的孤立。它们如雨后春笋，生意盎然，且面目不一，各呈风姿：有的两两成组如双乳，翘然向天；有的三三相合呈“品”字，鼎足而立；有的清秀像少女；有的蛮野似武夫；有的弯腰俯江，似与江水共语；有的横亘如墙，俨然不可一世。这些山峰，绿树耸天，藤条夭矫，郁郁葱葱，各种山花点缀其间，尤其是一簇簇杜鹃花，将山峰打点得十分精神，每当我们看见这红得如火的映山红，都高兴得大叫起来。间或也有些山峰,或青石裸露,峭然矗立,或红岩摩天,浑厚酣畅。

九曲溪的山峰,最美的当属玉女峰了。此峰亭亭玉立,风姿绰约,远看,真的可以想象为一位美丽的少女。南宋大儒朱熹的诗描写此峰"插花临水一奇峰,玉骨冰肌处女容",可谓精当极了。传说她是玉皇的女儿,那个神话故事,是凡到过武夷山的游客都熟悉的了,然我最感兴趣的还不是这个故事,而是它的风姿,还有它与大王峰、铁板峰的相互呼应的关系。玉女峰秀雅,楚楚动人,大王峰与铁板峰则魁伟粗犷。如果说玉女峰属于阴柔之美的话,那大王峰、铁板峰则属于阳刚之美。两刚应一柔,刚柔相济,以刚衬柔,别具情趣。大王峰与铁板峰对玉女峰来说,虽同属于刚,然在审美情趣上又有不同。大王峰雄奇险峻,如猛虎啸天,呈向上的趋势;而铁板峰则横向拓展,犹如一面屏风,迤逦而开。这三峰的关系,使我想到了中国古典园林艺术的"借景"、"对景"。刘勰论作文,说是"情往似赠,兴来如答"。三峰的美不就在这应答交往之中么?

四

当然,孤立的景物如果其特别不同,也会在别的景物的烘托下,焕发奇彩。位于六曲的晒布岩不就如此么?这是一面城墙似的巨石。它的特别在于它临水的一面布满纵向的水沟,的确像晾晒的一匹匹布。我觉得晒布岩比之玉女峰更具特色,更让人惊心动魄。我们让竹筏在此略停几分钟。我要向它礼拜,礼拜自然的鬼斧神工!多少年的流水冲刷,竟将巨石雕塑成如此模样。那无影无踪的时光,裹挟着何等的坚毅与伟力!

"壁立千仞,无欲则刚。"是无欲啊!岂止无欲,还有无己。任何一次水流其实留不下什么痕迹,然而无数次水流则在铁般坚硬的石崖上刻下了深深的沟。如若流水是有意识的,它会想到这每次的流过,实在是无意义的,然而,岁月让流水取得了成功。无欲造就了奇迹,无功造就了奇功。

每座山峰都是一首诗,都是一句哲理,都是一段刻骨铭心的情,都是天地伟大才华之体现。我们的竹筏贴着山脚蜿蜒而过,此山过去那山迎,叫人目不暇接,惊喜连着惊喜,动魄连着动魄。

五

九曲的峰是美的,不过,最美的还是九曲的水,这是我所见过的最美的山溪。当船工将竹篙往石砌的码头轻轻一点,我们的竹筏就飘然在九曲之中了。多么可爱的水!水深处,犹如碧玉,微风起时,满江泛起鱼鳞似的波纹,碧玉在动荡着;竹筏顺流而下,筏头激起白色的水花,嘀嘀有声。水花落在手上,凉浸浸的,沁人肺腑。九曲每处的水深浅不一,水量流速也不一样。可不,这就冲滩了。湍急的水流漫过大颗大颗的鹅卵石,鹅卵石闪动着太阳与水流的光影,竹篙点在卵石上,铿锵有声,如鸣佩环。竹筏顿时颠簸起来,蛇行般滑下去,水花将我们的身上都溅湿了。船工一方面叫我们小心,另一方面又说没事。这种有惊无险的畅游是最过瘾的。

我们的竹筏在过了险滩后来到了一个叫做"放生潭"的地方。这里的水相对比较的静,水也很深。那碧琉璃浓得似乎不动了。我们的竹筏在这里悠悠地转。崖壁上“放生潭”三个红色的大字,在诉说着悠悠的往事:宋端平元年(1234年)太守在此高岩上建醮放生,并全溪禁渔,此后,这里就叫做放生潭。自然,这是佛教的善举,但其中所含的生态意识不也耐人寻味么?潭边有一片卵石沙滩。在拘谨的河道,忽然发现有这样一片沙滩,视野为之一阔,心情也顿时松弛起来,极为舒服。

九曲如同一面长长的明镜,将两岸的奇峰倒映在水中,铺就了一幅水墨淋漓的江山长卷。特别是晒布岩的倒影,与晒布岩相连,又是一幅奇景。竹筏在倒影中穿梭,倒影碎了,波光荡漾。当竹筏穿过了倒影,那倒影又合拢来。而坐在筏上的我们也就这样一会儿溶进山峰,溶进碧玉,溶进波光,又一会儿穿出山峰,穿出碧玉,穿出波光。

我不知道多少年前就有人在武夷山生活了。我只是知道当我们的竹筏经过九曲一处地方时,船工指着一座直插云天的高峰告诉我们,那上面发现有悬棺,隐约间,我们看见了,崖壁凹陷处有棺材的残骸。悬棺的习俗至少在商周时代就有。我还知道,这武夷胜景至少在汉代就享有盛名了,因为汉武帝封它为名山。而在宋代,朱熹在此讲学,并做《九曲棹歌》,当时就人物风流、游客不绝。

六

看,摩崖石刻!我发现在一块巨大的岩石上有好多的石刻。船工将竹筏靠近巨岩,说这是响水岩。那摩崖石刻有朱熹的字,真令我们大喜过望,我还没见过朱熹的字。上得岸来,我一处处端详那或大或小风格不一的石刻，并在朱熹的“逝者如斯”四个端方的大字前久久地凝思。当年朱夫子在此处登岸，睹滔滔的溪流不尽地东去，是不是想到了孔子观黄河而生“逝者如斯”的感叹？逝者如斯，逝者如斯……夫子啊，虽然江流如逝，但江流从未尽过。我知道，夫子你是在慨叹时光，是的，岁月如白驹过隙，总是悄然而去又无声，不经意间给人增添些许白发，然而岁月亦如江水，却是永恒。岂不闻《易》云“无往不复，无平不陂”？

溪流在哗哗地漂流着，竹筏在款款地应和着，我的思绪如江风弥散，无边无际……

念天地之悠悠，独慨然于沧桑！

七

武夷山特有的竹筏为我们九曲泛舟增添了不少情趣。坐在竹筏上，脚板紧贴水面，水特有的清凉顺着腿丝丝地直往上漫，舒坦，还是舒坦。随着水波的荡漾，那种蜜一般的亲柔令人心旌摇荡。两岸青山相迎、相逢、相去，一切都在动着，随着水声，随着江风，随着天籁。沉醉中，我仿佛不再觉得自己存在了，我就融进了这水、这山、这江风、这无语的天籁。

九曲泛舟，隐约中，我似觉得在聆听一首无字的天地之歌，江流就是歌的旋律，那一座座山峰、那山峰所流传的故事，还有满江的竹筏、坐在竹筏上的游客包括我们都是这伟大乐曲跳动的音符。

雨游三清山

自三清山归来已经多日了，然冒雨游三清的那份奇趣、妙趣、险趣似乎还如同昨日般的鲜活、清新。

记得那日上山已是下午，阳光灿烂，原计划是赶到日上山庄过夜，第二日遍游山顶的，谁料想才走到山门，忽地阴云四合，骤雨倾盆。歇息一阵，雨似知人意，渐渐停了，尽管空气中仍然浮游着水雾，但已不妨碍登山，我们遂赶紧开动脚步。

很快，我们就来到一座名曰“琵琶亭”的小石亭，小亭四围青山环绕，景色幽雅。陪同我们游览的三清山风景管理局的郑秘书叫我们暂停下,然后手指正前方的山峰,让我们看看像什么。呀!真是绝景:一座山峰宛如一古代仕女,亭亭玉立,那额头,那鼻翼,那下颏,清晰可辨,仕女头戴法巾,身着法衣,双手合拱拢于袖中,这不俨然是南海观音大士么?再看观音正对一峰,似为一和尚,呈打坐姿势,左腿微翘,将一琵琶置于腿上,此景不就是观音听琵琶么?我们惊喜之至,三清山给我们的第一印象如此美好,擅长摄影的老朱喜不自胜地拍了一个镜头又一个镜头。

走到清岩茶庄,其时天色尚早,好客的茶庄主人在款待我们一杯清冽香醇的三清毛尖之后又挽留我们在此用餐。用完晚餐后已是暮色四合,不能再上山了,我们只好留下过夜。

是夜狂雨大作,闪电如金蛇一阵阵撕开黑乎乎的夜幕,白日看去恬然可亲的山峰刹那间变得如此狰狞可怖,同行的陈华小姐惊骇地叫起来,我与老朱却格外欣赏这大自然的奇观。这清岩茶庄尚未装上电灯,在摇曳的烛光下,我们完成睡觉前的一切事务,然后在厚实的石头卧房中听一夜的雨声、风声、雷声。

我想,这雨下得如此痛快,明日该天晴了吧!

在淅沥淅沥的雨声中,天渐渐地亮了,山谷口涌起大团大团的白色云雾,那云雾随风飘动,忽的消散了。过一会,又是大团大团的白色云雾从谷口涌出来……

倚靠茶庄二楼的栏杆,我欣赏那直插天空的山峰,云雾缥缈,时有时无,时聚时散。恍惚中,那山峰突然变得很像一位白发苍苍的仙翁,他拄着拐杖,手托葫芦,从九霄云外飘然向我们飞来。奇怪,他老在飞,老在降,却怎么也没有降到地面,再一细看,仙翁下面横着的一座山俨然像一位仰天而睡的妇女。我忽然想起流传于三清山的一个故事:相传在盘古开天地后不久,南方的火神祝融与北方的水神共工交战,共工战败,一怒撞倒了擎天之柱——不周山,于是“天倾西北,地陷东南”。人类的始祖女娲氏受王母派遣来到三清山,她用三清山的五彩玉石烧炼成糊状,然后用它将塌陷的天空一块块地补好。我想,兴许是女娲补天太累了,伤了身子,躺倒在这三清山上,而善于炼丹的太上老君听到了消息,携着刚刚炼好的仙丹腾云驾雾来救女娲了。我一边走,一边想,为自己的发现惊喜地嚷了起来,老朱、茶庄老板、小陈都赶来了,我让老朱赶快拍照,趁老君尚未归去。

原以为顶多到八时雨就会停的,可这雨一点儿也没有歇息的征象,总不能就困在这清岩茶庄吧。也不知出于哪一阵的灵感,我毅然对同伴说:“不等了,冒雨上。”大家都响应,士气之高昂,真是令人振奋。

下了一夜的雨,这座道教名山变得更为奇幻,仙氛更浓了。沿途看山,无山不美;即兴观峰,无峰不奇。特别是到了梯云山庄景区,我们不得不停了下来,在雨雾之中饱览那妙不可言的奇峰。此时,我们顾不得去弄清楚那一座座奇峰的命名,透过云雾远远望去,山峰犹如三五成群的仙人,在浩荡的长空腾云驾雾。他们莫不是去赶赴王母娘娘的蟠桃会,看,那潇洒的身姿似乎透露出欣喜;或者应诏去朝谒玉皇大帝,瞧,兴冲冲地一个个步履如飞。“遥见仙人彩云里,手把芙蓉朝玉京。”——这是唐代大诗人李白的诗句,真是写得太妙了,莫非李白也有过雨中游览三清山的经历?

“三清山”,这山名亦是太妙。道教中有“三清”之谓,即:玉清、上清、太清。“三清”所代表的神灵是:玉清元始天尊,上清灵宝天尊,太清道德天尊(亦称太上老君)。据管理局工作人员介绍,三清山的北山有座三清宫,为典范的道教建筑。此宫初建于宋,按后天八卦布局,东边有龙首山,应青龙之象;西边有虎头岩,应白虎之象;南有玉京峰,应朱雀之象;北有当年葛洪开凿的古丹水井,应玄武之象。明代宫址迁到九龙山下改按先天八卦布局。宫的前后两殿为太极图中心的阴阳二极。南方建"演教殿",象征乾;北方建"福池门",象征坤;东南建"九天应元府",象征兑;正东建"龙虎殿",象征离;东北建"风雷塔",象征震;西南有"金鼓石",象征巽;正西有"涵星池",象征坎;西北建"飞仙台",象征艮。这八方的景物建筑,围绕着三清宫,犹如众星拱月,把易经八卦的象征意味表达得淋漓尽致。这种建筑与整个三清奇峰、怪石、云雾所烘托的仙氛相得益彰,还在南山奇峰云雾中穿行的我,此刻却在向往着北山的三清宫了。

过了梯云山庄看山峰大抵是远视,缥缥缈缈,影影绰绰,如梦似幻,仙味很足。到日上山庄,那奇峰巨石就立在你面前,你就置身在它们的包围之中,它们缥缈的仙味似乎突然消失了,你再也不能以恬然的心态、梦幻般的想象、儿童的天真来欣赏这些山峰了。你会感到那面目狰狞的巨大怪石在向你示威,在恫吓你、压迫你。你似乎感到了恐惧,似乎在鼓起勇气与之抗争。当然最后是你胜利了,因为你不是安然无恙么?那怪石其实无奈你何,你从心底不由地笑了。

雨还在下,身上全淋透了,衣服紧贴肌肤,很是难受,但听说山上还有两处绝景:"巨蟒出山"、"司春女神",就又来了劲。我们在日上山庄略为休息后又继续登攀。

道路越来越艰难,由于大雨,许多路面已被山洪淹没,只能小心地探索前进;少数路面还塌了方,更是需要设法避免险情。

前方又是百步云梯式的石径，只得手脚着地，一步一步地攀登。好了！终于登上禹皇顶了。真是“世之奇伟瑰怪之观常在险远”。这禹皇顶上的风光更胜一筹。站在观景台上，只见对面峭壁千仞，摩地接天，群峰攒簇，翠峰竞秀。那名之曰“万笏朝天”的群峰的确也像大臣手中的一片片朝笏，只是这朝笏实在是太大了，当然不是人间的官员，而只能是天上大臣的遗留物了。其实，说它们像朝笏，还不如说像胜利者的船桨。君不见，在龙舟比赛中，胜利者不是一齐将手中的桨叶举起来欢呼的么？

造物者的心思是很难猜的。它有时将自然物造得莫名其妙，让你无论如何也猜不着这自然物像什么，有时则将自然物造得非常像现实中的人或物。自然物的美就是这样让人惊讶、惊赞、惊喜。

此时，一绝景清晰地呈现在我们面前：瞧，一座山峰，俨像一尊端坐的女神侧面像。女神的神态是那样安详，那样端庄。衬着蓝天，伴着群峰，她庄严无比，我们全都为她倾倒了。三清山风景管理局的朋友告诉我们，这座山峰名为司春女神峰。这个名字取得好。据传说，炎帝神农氏的女儿，叫东皇太乙，她职掌春天，主管人世间的婚娶和生儿育女，她是爱情之神，亦是母亲之神。这座女神峰莫不就是炎帝女儿幻化而成？

女神峰斜对面的峡口中，腾空窜起一条硕大无朋的巨蟒峰。你瞧，那三角形的蟒头，那微微前倾的蟒身，给人一种似欲扑向某物的感觉。

我想，真善美化身的女神与这假恶丑代表的巨蟒定有一段非常精彩的故事。这故事谁能告诉我？

该下山了，再见，可爱的女神；再见，可怕的巨蟒！

风还在刮,雨还在下,下山顿时觉得这山犹如风雨飘摇中航行于大海的战舰。鼓荡于耳边的全是哗哗的流水声。由于雨下得大,山上到处是瀑布,有大有小,全是一条条白练。那奔涌在峡谷的溪流,以气吞山河的巨大气势,从山顶直泻而下,全不管乱石阻路,它只是一味地猛冲,激起一串串向四周喷溅的水花。从下往上看,或从上往下看,那副桀骜不驯的蛮野气概犹如一条势欲掀天揭地的银龙;那满山的小瀑布则温顺秀美得多。我们从没有看到过这么多的瀑布,高兴得大喊大叫。

在水中走路,更是风味特别,那水仿佛有灵性似的,捏揉着你的脚心,抚摸你的脚背,冲刷你的小腿肚,让你感到痒酥酥、凉丝丝、滑溜溜的。

回到三清山宾馆,打开导游图一看,啊!费了两天之功还只游了南山一半左右的景区,而我一心向往的北山三清宫还未去呢!尽管雨中游山别有奇趣,我还是企望明日游三清宫能够放晴,三清神灵定然理解并接受我们的这份虔诚。

话说龙虎山

一

来到赫赫有名的龙虎山,呈现在我面前的却是一条清悠悠的河。河两岸全是由丹霞地貌构成的一座座石山。山不高,红色的砂岩上布满翠绿的地衣,加上千奇百怪的姿势,煞是好看。江上有竹筏,也有游船。好一幅清丽恬淡的水墨写意画。

乘舟游江,"欸乃"一声划破一江碧琉璃,溅起白玉般的水花;掬起一捧江水,一股清凉透入心扉。

我曾在漓江泛舟，漓江之美既在水之清凉，更在山之倒影。多么美的一条江啊，将万千风情尽纳入一江之中，那蓝天、那白云、那碧峰、那日光，全在水波中荡漾，静中有动，动而更静，如诗如画，如梦如幻。游龙虎山下的这条泸溪河，我又一次领略了这份悠悠的甜美，又在做这样一个悠悠的美梦。不知道是我在水中，还是水在我中。满眼的碧绿，满耳的水声，我陶醉了……

二

"看！桃！桃！"一声惊喜的呼叫让我从遐想中醒来，我顺着大家指的方向往前看，江边屹立着一块巨石，酷似一枚硕大的水蜜桃，只可惜缺了一块。我正在感到遗憾时，游船上一位漂亮的小姐说："这是孙悟空咬的。"聪明的船娘马上接上了话："孙悟空咬了一口，甜蜜蜜的，高兴得很，可是突然打个喷嚏，那桃就从天上坠下来了。"大家笑了，笑声就如水声一样清亮。

泸溪河比漓江略高一着的是江边多肖形奇峰。船娘说，前人已将这些奇峰归纳成"十不得"：尼姑背和尚走不得，仙桃吃不得，莲花戴不得，仙女配不得，玉梳梳不得，丹勺用不得，剑石试不得，道堂坐不得，石鼓敲不得，云锦披不得。这"十不得"归纳得好，通俗而又幽默。

肖形奇峰大凡名山都有，它的确是游客最感兴趣的。它的妙处在于激发人的想像力，这样，审美领域就大为扩展了。不是吗？由石而桃，由桃而孙悟空，由孙悟空而天宫，而王母，而玉帝，而天兵天将……多奇妙！

景观取名大有讲究，绝非易事。俗而不庸，雅而不僻，大概可算一条原则吧。

三

“十不得”中最令人叫绝的是“仙女配不得”。这仙女岩又名羞女峰，它的形象毕肖裸露的女阴，固又名女阴岩。

这座奇石称得上天造地设。站在它面前，充塞于心田的是神圣、庄严，而没有丝毫的猥亵。不知怎的，我首先想到的是女娲——我们华夏民族的老祖宗。据说她在补天之后，见地球上的生物稀少，就用黄土抟出一个个人来。鲁迅的小说《补天》写了这个传说。这座女阴岩难道不可以说是女娲的崇高形象吗？至于赤身裸体，在远古算得了什么呢？远古，人类最高的崇拜是母性崇拜与生殖崇拜。重大的祭祀活动中，人们高举生殖器模型，载歌载舞。这不是猥亵、轻薄，而是在乞求神灵赐给人类更多的子孙。这种生殖崇拜几乎全人类都有过。在奥地利的温林多府山洞曾发现了一具旧石器时代的雕塑，那是一尊女性裸体雕像，乳房、臀部都特别丰满。

这座女阴岩又使我想起道家文化奉为教祖的老子。老子是崇阴贵柔守雌的。他的大著、人称“五千精妙”的《道德经》极为虔诚地赞美母性，赞美女阴。请看这样的句子：“谷神不死，是谓玄牝，玄牝之门，是谓天地根，绵绵若存，用之不勤。”“玄牝”者何？巨大深邃女阴之谓也。老子还说：“天门开合，能为雌乎？”“知其雄，守其雌，为天下溪。”将女阴比做天门，认为天地万物都是从它那里出来的。这样的歌颂可说已达极致了。道教尊老子，道教自然不会视女阴为羞。在道教名山有这样一座女阴岩是龙虎山的福气！听说，在丹霞山有一峰酷似男根，那同样是很有意思的，同样可以看做生殖崇拜的象征，只是不是母性崇拜，而是男性崇拜了。

四

在泸溪河畅游，我惊奇地发现，河西岸悬崖上放置了好些棺木，那棺木已腐朽了。我知道这是著名的悬棺，在武夷山、小三峡我也见过的。那么，这里的悬棺是什么时候的呢？船娘告诉我，这些棺木还是春秋战国时期放上去的，那时居住在此地的不是汉族，而是百越族。

悬棺之谜，直到今日也没有彻底解开。首先，为什么要将棺木放置在悬崖陡壁之上？其次，千丈陡壁，无路可上，这棺又如何能搬得上去？我打量着红色的悬崖上那千疮百孔的洞隙，寻找那些放在洞口的一具具悬棺，心头掠过一个个疑问……

历代多少文人墨客出游此地，望悬棺高置而肃然起敬！宋代学者晁补之云：出游龙虎山，舟中望仙岩壁立千仞者，岩不可上，其高处穴中，往往如囷仓棺椁云，盖仙人之所居也。晁补之认为悬棺处是仙人居所。是啊，盼望死后登仙，是多少人的向往啊！

历史总是神秘而悲怆的。船娘说，古人将尸体置于高崖向阳通风处是为了尸体便于保存。也许远古人类认为死后尸体置在何处，是绝不能随便的，因为那关系灵魂的安息、来生的幸福、宗族的兴衰！说得不错！但我更认为，这种悬棺可能与我们这个民族远古奉行太阳崇拜有关。古人也许认为，人死后，向着太阳，便意味着即使进入阴间也还会拥有光明、拥有幸福。

光明、幸福——人类永恒的主题。

五

龙虎山最美的景区是泸溪河，但是精华的所在是天师府与上清宫。

天师府即道教第一代天师张道陵的故居。张道陵本是江苏人，他最后是在龙虎山炼九天神丹而创立道教的，这样，龙虎山就成了道教的祖庭。

天师府金碧辉煌，不是宫廷，类似宫廷。游天师府我首先想到的是山东孔府，天师府的煊赫可媲美孔府。中国庶民家庭能获得历代封建帝王赐封的仅孔丘、张道陵两家。明开国皇帝朱元璋对第42代天师张正常说：卿乃祖天师有功于国，所以家业与孔子并传，以迄于今，卿宜体之。自此以后，“南张北孔”就这么确立了。

天师府背依西华山，面临泸溪河，规模宏大，气象森严，大门一副对联赫然夺目：“麒麟殿上神仙客，龙虎山中宰相家。”既是“神仙”，又是“宰相”，天上的富贵、地上的荣华尽享。我思谋：中国士大夫的人生理想大概正在于此。生时为相，死后登仙，不过，在一般人它需分为两个阶段，不可兼得，岂如张天师同时二者兼而有之？妙是极妙，但我又总觉得这妙中有几分滑稽。

六

天师府是天师日常起居之所，他“办公”的地方是上清宫，故游完天师府我去寻上清宫。龙虎山旅游风景区管理局的一位领导将我带到了一个机关，进得院子，那位领导指着一片荒地说，这就是上清宫。呜呼！上清宫已荡然无存。要知道，如果没有上清宫，龙虎山还能有什么灵魂？天师府毕竟只是天师的私家宅第，上清宫才是道教的祖庭。

记得儿时读《水浒》，第一回就写洪太尉奉皇帝的旨意到龙虎山的上清宫进香。那个上清宫在小说中何等气派！左廊下：九天殿、紫微殿、北极殿；右廊下：太乙殿、三宫殿、驱邪殿。至于作为主殿的三清殿，那份堂皇更不消说得！当时道士众多，香火极盛，种种繁华，难以备述。那骄横的洪太尉执意要打开伏魔殿大门，致使108个“妖魔”化做百十道金光腾空逃逸，后来成了水浒梁山的108条好汉，闹得徽宗皇帝吃饭不香、睡觉不稳，差点断送了赵氏江山。小说毕竟是小说，当然不可认真，但其中的意味还是很有趣的。比如，小说既说这些乱赵氏皇帝天下的农民起义英雄是“妖魔”，又说是天上的星宿，什么三十六员天罡星，七十二座地煞星。有趣！有趣！既是魔又是仙，既是妖又是神。魔，邪也；仙，正也。魔仙一体，邪正合一，不耐人寻味么？

荒唐？不！

龙虎山旅游风景局的领导说，打算修复上清宫，如此甚好！

读君山

一

记不清多少次游历过君山，每次都惊叹她的神气、她的瑰丽、她的丰美，然而临窗把笔，又总感到捉襟见肘，力不从心，无法完篇。

语言之苍白只有在面对真实的大千世界之时。

二

上苍对岳阳如此垂青！将一个号称八百

里的洞庭湖赐在它身边,又将湘、资、沅、澧四条大河与万里长江召集到此际会。自远古尧、舜起,岳阳就是锦绣繁华之地,中国文化中不少重要人物都来过岳阳。范仲淹的《岳阳楼记》以“先天下之忧而忧,后天下之乐而乐”一联道出了儒家精神的真谛,道教八仙在洞庭湖的传说如烟波一样迷茫;中国现在所存极少的唐代文物——慈氏塔至今还在述说着佛教生死圆融的妙谛。这真是:

九派会洞庭,晨雾蒙翠,旭日映金,暮霭叠碧,看几多奇奇幻幻,淡淡浓浓,铺成画景;

三教朝岳阳,儒家唱史,道家悦情,释家言心,有无数虚虚实实,真真假假,衍成故事。

君山,洞庭湖中的一个小岛就这样钟灵毓秀,采昆仑之魂魄,集九派之神韵,拥日月之华彩,聚江南之奇美,成文化之精华。

三

从审美角度看君山,君山之美一是得力于洞庭湖,一是得力于岳阳楼。

洞庭湖是她的近衬,岳阳楼是它的远衬。

从洞庭湖看君山,君山宛如一块晶莹的碧玉,恬然露出银色的水面。

刘禹锡诗云:

湖光秋月两相和，
潭面无风镜自磨。
遥望洞庭山水翠，
白银盘里一青螺。①

好个“白银盘里一青螺”。刘禹锡显然是将洞庭湖缩成盆景了。

黄庭坚则如实写来：

……
满川风雨独凭栏，
绾结湘娥十二鬟。
可惜不当湖水面，
银山堆里看青山。②

黄庭坚一是将君山十二峰比喻成湘妃绾结成的十二螺髻，又将日光下的洞庭波浪比做银山堆，就在这汹涌浩瀚的银山堆里悄然显出一座美丽的青山。

浪是涌动喧嚣的，山是静谧稳定的，这动静之间不是别有情趣么？

更让人意味盎然的是：洞庭湖是雄壮的，君山倒是秀美的。

① 刘禹锡：《望洞庭》。
② 黄庭坚：《雨中登岳阳楼望君山》。

以刚衬柔，以大托小，以银映绿。君山之娇美更是令人可喜的了。

按一般的审美习惯，水是柔的，山是刚的，然而在这里，这审美的习惯来了个颠倒。这颠倒，突破了审美的范式，倒给审美者一份意外的惊喜！

四

君山之美又是离不开岳阳楼的。

岳阳楼濒临洞庭湖，与君山相距 30 里，在岳阳楼上望君山别有一番滋味。

宋代大诗人黄庭坚从流放地归来，路经岳阳，登岳阳楼观景。是日，天朗气清，君山清晰地映入眼帘。饱经沧桑的诗人心中油然生出一份欣喜，朗然吟道：

投荒万死鬓毛斑，
生入瞿塘滟预关。
未到江南先一笑，
岳阳楼上对君山。①
……

“岳阳楼上对君山”，太好了。诗人无意中道出审美的一条重要规律：大凡许多美景是相互“对”出来的。不是么？李白诗

① 黄庭坚：《雨中登岳阳楼望君山》。

云:“相看两不厌,只有敬亭山。”①我们在游山玩水之中经常可以发现这对景之美。大凡孤零零的缺乏对景的风物其美有限,而有景与之一对就活了起来,焕发异彩。

如果说,以浩瀚的水面、雄伟的气势取胜的洞庭湖为岳阳楼增添了壮观,那么,以清丽、韵味见长的君山则为岳阳楼增添了秀色。明代著名散文家袁中道说,岳阳楼之大观“得水而壮,得山而妍”,这话说得非常正确。

从气势看,洞庭湖的阳刚之美与君山的阴柔之美得到了统一,既相得益彰,又实现了总体和谐,景观十分丰富。

从色彩来看,岳阳楼的金碧辉煌、洞庭湖的银光璀璨、君山的翠绿葱茏得到了统一,色调丰富,悦人耳目。

从情韵来看,洞庭湖骚动不安的野性、君山静若处子的甜美以及岳阳楼富丽华美的贵族气息实现了统一,令人心摇神夺,逸兴飞扬。

人们一般喜欢风和日丽之时登楼赏景,其实风雨大作之时登楼别具风味。风雨中,雄峙城头的岳阳楼是那样挺拔、坚定、威严,任狂风呼啸,任惊涛拍岸,岿然不动。这时远眺雨雾朦胧中的君山,只觉得她像一艘战舰,在顽强地、勇敢地与风浪搏斗。动的力量与静的镇定在你心中交汇撞击,你会觉得,仿佛自己就是汹涌澎湃的浪、顶天立地的楼、顽强拼搏的山!

---

① 李白:《独坐敬亭山》。

五

君山离岳阳楼的距离太合适了。

若太远,岳阳楼上根本看不到君山,那岳阳楼于君山就没有了意义;若太近,站在岳阳楼上望君山,一目了然,甚至连屋舍树木也清晰可数,那也没有了情趣。妙就妙在不远也不近,在岳阳楼上看君山,可看见不可看清,这种距离为君山增加了不少情趣。

前代诗人将岳阳楼上望见的青山叫做“一点青”,这非常妙。杨基诗云:“君山一点望中青,湘女梳头对明镜。”更有趣的事,如若天气不好,那“一点青”就难以看见了。就是这个杨基,他还写了一首《雨中过洞庭》:

昨夜南风起洞庭,
晚来湖上雨冥冥。
忽看天际惊涛白,
失却君山一点青。

这“得”与“失”决定于天气,而天气是可遇不可求的,能否看见君山就看各位的“运气”了。任何观景如与运气联系起来就更添了一份“神秘”,一份情趣。

泰山观日出和峨眉金顶看佛光不就如此么?

六

君山拥有十二峰峦，山色青黛，不乏奇树鲜花（君山有著名的斑竹、杜英树、黑壳楠、银桂树、银针名茶等）、珍禽异兽（君山有金龟、灵猴、银鱼），自然景观是很美的，但君山甲绝天下的还是它极为丰富的人文资源。

首先，君山的来历就非常神秘。唐代诗人程贺诗云：

曾游方外问麻姑，
说到君山自古无。
原是昆仑山顶石，
海风飘落洞庭湖。①

尽管这是神话，但君山来自昆仑就让人肃然起敬。要知道，昆仑是中华民族的奥林匹斯山，是中华民族的摇篮啊！

这来自昆仑的奇石，自然与母体同一魂魄，共一血液。

我似乎有点明白了：我们的始祖黄帝轩辕氏为何要在这里铸鼎。据说铸鼎成功后，黄帝就在此骑龙飞升了。

这不是子虚乌有的传说，《明一统志》清楚地记载，铸鼎山“在君山……黄帝铸鼎金山之下，鼎成上升，今台址尚存”。

在中国，鼎是政权的象征，国家政权号称九鼎。黄帝铸鼎，铸就的就是我们伟大的中国，就是这瑰丽无比的万里江山！

---

① 程贺：《君山》。

七

君山上的名胜十分丰富，影响最大、流传最广的当然是娥皇、女英二妃泪洒斑竹的故事。如今君山上尚有湘妃祠、二妃墓。湘妃祠内有二妃塑像，祠内香火很盛，善男信女络绎不绝地在上香，跪拜，求签。比之湘妃祠，我更喜欢二妃墓。此墓历经沧桑，多次修建。现在的墓系光绪七年两江总督彭玉麟主持维修的。墓为石砌，前立石柱，上雕麒麟、雄狮、大象。墓前有一对引柱，上刻对联："君妃二魄芳千古，山竹诸斑泪一人。"系彭玉麟手笔。

在墓前，我久久地徘徊，默默凭吊这痴情的舜帝二妃。古往今来，坚贞爱情的故事多矣，可为什么没有一个堪与这故事相比？

我的思绪飞到湖南宁远县的九嶷山，那是伟大的舜帝南巡葬身之地！

尧、舜、禹，不仅是中华民族的始祖而且也是中华民族理想的圣君啊！

二妃对舜帝的忠贞，岂止是真挚爱情的显示，它不也是亿万炎黄子孙对民族认同的象征、对理想圣君爱戴的体现吗？

八

彭玉麟给君山二妃祠题的楹联是：

盘庚上中下

鼎甲一二三

这对联实在是写得好。盘庚即商王汤,时王室衰乱,盘庚为了江山永固,迁都多次,最后定于殷,商遂复兴。迁都时,宗室、大臣议论纷纷,颇多怨言。汤作了三篇文章加以劝谕,这三篇文章亦称为《盘庚》。另有一说是,盘庚迁都,使商复兴,老百姓思念盘庚,作《盘庚》三篇以怀念之。不管哪种说法,立意都是歌颂圣明的君主。“鼎甲”指科举取士殿试第一二三名,即通称的状元、榜眼、探花。显然,下联是说人才。

这对联虽仅十个字,却分说了君与臣:君须明主,臣须英杰。君臣,国之柱石,江山社稷命脉系于二者。

彭玉麟处的时代系咸丰年间,内忧外患之中的清王朝正风雨飘摇,国事不堪!虽然也称得上雄才大略的彭玉麟镇压得了太平天国起义军,可他抵抗得了外侮么?清朝皇帝咸丰还有太后慈禧总算将太平天国这块心腹大患除去了,可他们能将洋人赶出中国吗?这些,对于咸丰、慈禧、彭玉麟都只能是徒唤奈何!也就在咸丰、慈禧执政的时候,英法侵略联军打到北京,将个天造地设般的人间天堂圆明园烧成灰烬瓦砾。咸丰、慈禧惟一能做的是,赶在洋人进入北京前,奔逃西安。

立在二妃墓前,彭玉麟肯定是心如潮涌,思接千载,他在渴望天降尧舜那样的明君,天降更多的“鼎甲一二三”那样杰出的人才啊!他在渴望一个强大的中国!

九

在君山游览,深深感到君山是一部厚重的书,一部蕴含中华民族历史、文化、魂魄的宝典!

多少动人心魄的历史故事、神话传说,或虚或实,或幻或真,或缠绵,或悲壮,或开朗,或激昂,宛如一幅幅活动的画面,次第井然地映过眼帘。除以上所说的外,尚有:黄帝张乐洞庭,秦皇丢印君山,汉武神勇射蛟,东方朔智饮仙酒,李太白泛舟吟诗,张志和烟波垂钓,贾客月夜遇仙笛,杨幺君山举义旗,张献忠火烧洞庭湖,乾隆帝南巡考纪昀……

八仙之一的吕洞宾,朗吟飞过洞庭湖,为君山抹上浓重的神话色彩。这位仗义行道、好酒爱诗、疏狂不羁的神仙赢得了岳阳人民深深的热爱,君山上的朗吟亭上有联赞曰:

行道仗金丹,朝岳鄂,暮苍梧,月夜朗吟骑鹤去;
积功调玉烛,荡凶顽,倩神剑,洞庭惊起老龙眠。

一座小小的君山,有多少中国历史上的圣人、伟人、名人与她结缘,或君或臣,或文或武,或儒或道,或佛或仙。除了以上所列的外,尚有女娲、屈原、李斯、杜甫、刘禹锡、李贺、黄庭坚、米芾、滕子京、岳飞、辛弃疾、袁中道、董其昌、曾国藩、左宗棠、张之洞……

特别是中国第一位伟大的爱国诗人,楚国杰出的政治家、思想家屈原曾写下纪念二妃的千古绝唱:《湘君》、《湘夫人》。游览君山，我的眼前总是晃动着这位着高冠、佩长剑、面容凄楚的诗人形象，耳旁总是回荡着他的歌声：

君不行兮夷犹，蹇谁留兮中洲？
美要眇兮宜修，沛吾乘兮桂舟。
令沅湘兮无波，使江水兮安流。
望夫君兮未来，吹参差兮谁思？①
……

游不完的君山，读不完的宝典！

真乃是：古今多少风流事，一片波浪一首歌。

君山，当之无愧的是一座中华文化博物馆。

---

① 屈原：《九歌·湘君》。

武汉三山小记

珞珈山

武汉的山很多,最出名的数珞珈山,其原因就是它在著名的武汉大学校园之中。武汉大学校内也有好几座山,但只有珞珈山出名。

珞珈山与诗人闻一多有不解之缘。闻一多留洋归来,在武汉大学担任文学院院长。一日清晨,开了一晚夜车的闻先生,信步走出办公楼。好新鲜的空气!此时,晨曦初展,东边的天空露出鱼肚白,一个青翠的山峦在青白的晨光下显得格外秀雅、端庄,一忽儿,天更亮了,红霞从山背后升起,将山头衬托得更加绚丽、庄严。这不就是一尊佛吗？闻一多看得入神了，心中油然升起一股虔诚。此时，做晨扫的校工正清扫到他的面前，闻一多问，这座山叫什么山？校工说，罗家山。好一个名字！闻一多先生兴奋地赞道。——原来他将“罗家”听为“珞珈”了。据《江夏县志》，此地名原为罗家山，唐代开国元勋尉迟恭在洪山读书时，罗成访尉迟恭于罗家山。又据民间传说，此为楚王落驾处，故为落驾山。才从国外回来的闻一多可能不知这些来历，他只知道，在佛教中，珞珈是观音的住地，全名为“补怛珞珈”，补怛珞珈山本在南印度。佛教传入中国后，人们在中国为观音找住处，找到的地方也叫“补怛珞珈”。梵音翻译，由繁变简，由音到义，于是“普陀”、“珞珈”等名字都出来了，说的是同一座山。

具体情节不清楚了，反正此后在武汉大学的校志上，这罗家山就写成了珞珈山。如今，已很少有人知道它原来的名字。

大学校园有座山是这个大学最大的福气。虽然国内也有好多所大学临山，但似乎极少有将一座山归并入校园之内的，而武汉大学就有这样的福气。这真要感谢地质学家李四光，1931 年武汉大学新校园筹建时，李四光担任筹建委员会主任。据说他骑个小毛驴在东湖边转悠了许多日子，最终提出将东湖边的好几座山包括珞珈山、狮子山、侧船山都囊括在武汉大学校园之内。当时，这湖畔的几座山，乱坟纵横，杂草丛生，也值不了几个钱，时任教育部长的王世杰批准了这个方案。这就奠定了武汉大学今日校园的规模。当然，当时划定的面积数倍于今日的校园，不过，就是今日的规模，在中国的大学中，也为数一数二的了。

珞珈山名副其实遍地是名胜。国共合作抗日时期，武汉的战略地位极为重要,它一度成为抗战指挥的中心。蒋介石、周恩来那时都在武汉,就住在这珞珈山。如今,他们的旧居都保存完好。珞珈山腰,有十多栋小别墅,住过很多名人。郭沫若、郁达夫的别墅离蒋介石的别墅很近,仅几步路。政军界要员离开武汉后,这些别墅成了武汉大学教授的住宅。现今,教授们嫌住在山上不方便,这几年都下山住新公寓了,别墅大多空了下来。我每次爬山,都要从周恩来的别墅经过,荒草萋萋,蛛网残破,只一个红灯笼仍然十分夺目,大概是以前的主人挂上的,不知出于何种想法。不过,有它,倒的确凸现出它的卓异不凡,让人联想到那火红的年代。

珞珈山下是武汉大学教授们的公寓。于是,这珞珈山就成了教授们每日锻炼的宝地。我每日至少要上山一次,山腰有一条环山砂石路。在这条道行走,你不会感到你是在一个学校中,在一个城市中,因为它给你的感觉与许多著名风景区给你的感觉是一样的。我在山腰上散步,总是联想到在南岳衡山从磨镜台到南台寺去的那条林间小道,完全是一样的林木森森,一样的鸟语花香,一样的幽静中略带几分荒凉。

珞珈山的山顶倒别是一番滋味,山顶有十几个大坑,据说是抗日时中国军队挖的掩体。山上多奇石,我在黄山、雁荡山、崂山看到过的那些奇石,在珞珈山上似乎都能看到,但是它太小了,引不起人们的注意。你如果不在乎它的大小,就能发现无穷的意味。差不多每一座石都能看出点什么,有的如狮虎蹲踞,有的如神龟啸天,有的如情侣相对,有的如旌旗猎猎,有的如锦书插架,有的如天门洞开……

珞珈山顶有一塔,为水塔,但采用佛教宝塔形,倒也成了一景。塔下十数步，有一处是眺望东湖的最佳处。纵目望去，水天空阔，远山隐隐，帆影点点，让人心竞神驰，物我两忘，不知身在何处……

珞珈，武大人最大的福气！

小洪山

武汉人大约没有不知道小洪山的，但武汉人中恐怕大多数都没有去过小洪山。我说此话不是没有根据的，我曾多次陪新闻界的朋友游过小洪山，我问他们去过没有，都说没有。

中国的城市特别是南方的城市大多依山傍水，这不出奇，出奇的是城中有山。凡城中的山，如桂林的独秀峰均为灵气凝聚之地、文脉所系之处，小洪山也是。

小洪山最佳观景地当属宝通寺背后最高处白云台旧址。如是清晨，向东翘望，旭日冉冉升起，青山染碧，东湖泛金，漫天红霞，只见一山远从天际腾挪而来，向西直至长江边，受阻，耸为蛇山。余势仍猛，隔江将一团青翠甩在对岸，即为龟山。

从武汉地理总体格局看，武汉不仅有长江、汉江两条白龙划城而过，而且还有小洪山这条青龙穿城而行。“三龙”走武汉，交会南岸嘴，聚气龟蛇二山，真可谓“三龙会”。

小洪山多松林，号称宝通寺八景之一的“岳王松”处，松高摩天，密密匝匝，不见天日，真可谓“龙蛇影外，风雨声中，争先见面重重”。畅神时，忘其所处，疑是黄山。据闻，岳飞抗金之前屯兵于此，领头植松，以表凌云之志。清时，此处有岳飞庙，香火颇旺，今已荡然无存。

小洪山原名东山。南宋端平年间，宋金争战，随州成为战场，为保随州大洪山的名寺幽济禅院，宋理宗下令将禅院搬迁至武昌，与东山原有的弥陀寺合为一寺，敕号崇宁万寿禅寺，于是东山遂改名为洪山，为区分随州之大洪山，此处的洪山通常称为小洪山。

小洪山文化积淀丰富，一条数公里的山，几乎将自汉以来的武汉文化精华全囊括于此。我们且自东数来。磨山处有刘备的祭天台；珞珈山有中国最早的高等学府之一武汉大学；街道口处，有北伐攻城纪念碑；再过来，就是宝通寺了。此寺建于南朝，历史悠久，自宋至清前后有十个皇帝垂青于它，或赐名，或赠经，或拨款。清代敕号报国寺，与峨眉报国寺同享殊荣。此寺开山祖师慈忍断足求雨的故事，感动了元世祖忽必烈，忽必烈下令将不腐的慈忍双足运到大都，后又寄存于许昌，许昌所建之寺亦名洪山寺。宝通寺西边是施洋烈士纪念碑，再过去，就是赫赫有名的道教三十六洞天之一的长春观。长春观过去，是辛亥革命武昌首义的指挥部红楼，红楼过去是黄鹤楼。这样数来，政、文、军、教、宗全有，且品级很高。小洪山真是洪福齐天了。

如此珍贵的小洪山，为何武汉人去的不多呢？原因很简单：不方便去。山的两麓均为高楼所遮挡，只有宝通寺与洪山公园两条路可以进去。进山一看，惨不忍睹，一道道围墙将山头分割，一些单位将美景圈在家中，他人只能望景兴叹。山上树木虽多，但时见新砍之桩，据常在山上锻炼的老人说，连山上的沃土也有人搬去做自己菜园地的肥料。

谁来管管小洪山呢？谁来爱护小洪山呢？

武汉人不是老埋怨可休闲的地方不多吗？可为什么不下气力去开发小洪山呢？《易》云："舍尔灵龟，观我朵颐。"是时候了！

龟山

武汉的山如果要论名胜古迹之多、景观最好的应属龟山。

据《禹贡》，龟山原名大别山，后又称鲁山，因为东吴大将鲁肃的衣冠冢在此，这名字一直用到明代。明朝的皇帝极其崇奉玄武，封玄武为帝。玄武龟形，时任湖北巡抚的王俭不知是灵感，还是听了别人的主意，将鲁山改名龟山，奏请朝廷，自然得到批准，于是鲁山就称龟山。隔江相对的黄鹄山就称为蛇山。这一改也真改得好，不仅黄鹄山蜿蜒如蛇，鲁山蹲伏如龟，而且，顿见出武汉三镇风水气脉贯通，不同凡响。

龟山的地形可谓得天独厚。它一边临长江，一边临汉江。长江这边与蛇山隔江相望，毛泽东词云："龟蛇锁大江。"形象之壮观可以想见。汉江那边与汉口江滩相对，林立的西洋建筑成为它的借景。最妙的是汉江从它的一侧包抄过来，就在它的脚下，与长江会合，形成一个三角地，名为南岸嘴。风景极为壮观，誉为武汉城市建设的画龙点睛之笔。武汉市政府早就有意开发此地，征集了许多方案，至今都难以定夺，生怕弄不好，弄坏了。

武汉三镇，如果要问中心何在，我看就在这龟山。龟山虽小，但两座大桥是它伸出的左右两臂。它右揽长江，左揽汉江，将武汉三镇连为一体，此种气魄，此种格局，让人叹为观止！

自古来，龟山就是兵家必争之地。三国时东吴于此设要塞，与曹兵几番血战；太平军三下武昌，在龟山一带摆开战场；辛亥首义后的阳夏战役，义军也是首控龟山；抗日战争时期，龟山上装上了中国的高射炮，一颗颗仇恨的炮弹怒向敌机。直到20世纪70年代，龟山还是军事重地。

龟山重武，它对岸的蛇山，则重文。一座黄鹤楼，多少名篇佳构，脍炙人口！龟山虽历代也有吟咏，但没有名篇，论文采风流它略输蛇山，但若论英雄气概，蛇山无法望其项背。两山隔江相望，一文一武，别有情趣。

更有意思的是在龟山的旁边有个月湖，月湖畔有一琴台，据说是周代弹琴高手俞伯牙与钟子期相会的地方，在中华民族中影响深远的"知音"传说就诞生于此。每次我从龟山与月湖之间经过，总是这边望望龟山，那边看看月湖，似觉得这之间有一种深刻的意蕴在。是的，龟山与月湖，干戈与琴瑟，对手与知音，它们之间的联系，不是道尽了天地人间的奥妙么？

初来武汉那会，我慕名游过龟山，客观地说，有所得，也有不少遗憾。风景的确是不错的，站在龟山顶，长江、汉水尽入眼底。江天空阔，指认鹦鹉洲，不知洲渚何在？近观黄鹤楼，远眺楚天台，更是思接千古，在这块土地上，曾演出过中国历史上多少极其悲壮的活剧，千军万马，惊天动地。俱往矣！硝烟散尽精魄在，楚云悠悠大江流。

据史料，龟山的名胜古迹有几十处，最为重要的有：禹王宫、鄂王庙、关王庙、桃花夫人庙、桃花夫人洞、太平兴国寺、罗汉寺、鲁肃墓、刘琦墓、楚波亭、朝宗亭、关羽遗迹洗马洞、磨刀石、磨崖石刻等。这些都是了不得的名胜啊！其中大禹、岳飞、关羽都是中国历史上的杰出人物，在中华民族享有崇高的地位。

可惜，这些都难以看到了，现在看到的尽是当代人的"杰作"：高耸入云的电视塔、磨盘式的艺术馆（据说里面陈列了当代人的一幅赤壁大战图），还有一座据说是用来陈列三国计谋的计谋殿(不知何故,成了长达十年之久的烂尾楼)。山上的道路,一溜儿长达数百米,排列着几十座三国人物雕塑,似在列队恭候你的检阅,让人感到浑身的不自在。

呜呼!我实在难以忍受这样的视觉折磨,只得匆匆下山。好在山下还有名胜晴川阁。据说清人毛会建特从南岳衡山摹刻的禹王碑陈列在晴川阁,那么,就去领略一番“晴川历历汉阳树”,猜猜那蝌蚪文字的碑文吧!

欲把东湖比西湖

一

据说，伟人毛泽东除北京外，住得最多的是两个地方，一是杭州，一是武汉。杭州有个西湖，武汉有个东湖。

毛泽东特别爱水，这是大家都知道的。

同是湖，西湖名闻天下，其景也可说秀甲江南；东湖则基本上是默默无闻。为什么毛泽东不满足于“淡妆浓抹总相宜”的西湖，还要不时来东湖小住，而且据说总天数还要多于西湖呢？

很长时间我不明白。

笔者有幸在杭州工作多年,可说饱览西湖之美;前年移住武汉,落户于东湖之滨,又得一睹东湖风采。两相比较,恍然大悟。

西湖有西湖的美,东湖有东湖的美,两者虽都是湖,其魅力却是不可替代的!

二

西湖、东湖有一个共同的优点,都紧挨市区,这是它们成为旅游胜地的重要条件之一。相比较而言,西湖这方面优势还要突出一些,由于历史的原因,杭州的繁华市区有一多半傍着西湖,因而在车水马龙的湖滨大道走,西湖就如一面屏风,迤逦在你眼前展开。西湖以它的恬静、温柔给喧嚣的城市带来一片清新。

东湖虽在市区,却稍偏离繁华地段,这就显得有点偏僻了。东湖似乎不喜欢喧嚣的红尘,这样,自然就有些许冷清、些许寂寞;不过,也就平添了不少高雅、不少清纯。

打个不一定恰当的比喻:西湖是光彩照人的靓丽少女,满面春风地向你走来,你不能不为她心醉;东湖则如高人雅士,飘然隐逸在白云深处,而你又不能不为之神驰……

西湖,似灼灼夭桃,如火似霞,灿然动人;

东湖,如空谷幽兰,冰清玉洁,启人遐思。

西湖的美,美在亲和;东湖的美,美在飘逸。

三

在西湖住了那些年,常去西湖游览,从未感到过西湖很小;相反在苏堤或在断桥纵目远眺湖面时,那粼粼波光悄然隐入远处的山岚,我甚至觉得颇为雄阔。然而,当我自西湖来到东湖,就感到西湖实在是太小了。西湖的湖面不过5.6平方公里,而东湖竟达33平方公里,是西湖的6倍多。

两湖相比,西湖是一口秀丽的池塘,东湖则是一片雄阔的大海:"里湖,外湖,无处是无春处。真山真水真画图,一片玲珑玉。"①——这便是西湖,小巧玲珑,精美如玉。"五百里滇池,奔来眼底,披襟岸帻,喜茫茫空阔无边。"②——这可借来说东湖,雄阔浩瀚,坦荡如海。东湖不仅雄阔,而且豪壮。风起了,哗哗的波浪一层层地、你追我赶地汹涌而来,虽不能说巨浪排空,也称得上万马奔腾。特别是傍晚时分,暮色初起,黑黝黝的湖面顿时变得狂野,变得凶悍。居于湖中的磨山像一艘巨大的战舰在湖浪中颠簸,耸立在磨山最高峰的楚天台昂首云天,好似一柄势欲刺破乌云的利剑。此刻你心中涌起的就是那种即将冲入敌阵的豪情。就是天朗气清的丽日,东湖的浪波也显得很有气势,它冲击湖岸、敲击游船的音响也特别地宏壮铿锵。

这也难怪,东湖与封闭的西湖不同,它本是长江的一部分,是长江前进征途中的一个驿站,它自然更多地兼具长江的力量

---

① 徐再思:《朝天子·西湖》。
② 孙髯:《云南昆明大观楼联》。

和气概。

如果说,西湖的美美在韵味,东湖的美则美在气势。

西湖是湖中的佳丽,东湖是湖中的伟男。

四

西湖不管什么时候,都歌舞升平,游船如织。

> 八窗开水月交光,诗酒坛台,莺燕排场,歌扇摇风,梨云飘雪,粉黛生香。①

> 泛画船,列绮筵,笙箫一片,人都在水晶宫殿。②

这就是西湖,飞红点翠,镂金错彩,一派富贵气息。

就连西湖的水也许溶进了过多的脂粉,腻乎乎地透出浓香。

西湖太精巧了,太甜腻了,难怪"暖风熏得游人醉,直把杭州作汴州"。

相比西湖,东湖就荒芜得多了。东湖长期以来只不过是鱼虾的乐园、野雁的泽国,就是开辟成风景名胜区之后,游客量也远无法与西湖相比。有时茫茫的一片大湖竟然看不到一艘游船,湖面显得十分清爽。

清晨或黄昏,常有一大片、一大片的白色水鸟在湖面翻飞,

① 赵善庆:《折桂令 · 湖山堂》。

② 吴弘道:《上小楼 · 西湖泛舟》。

仿佛星星点点的白云。水鸟喧闹着,穿梭着,然后落在湖面,化成一朵朵白色的莲花,煞是好看!

湖岸大片森林是水鸟栖息之所,在森林中漫步,满耳的鸟鸣,满眼的白色流星,你仿佛进入一个神秘的仙境。

我在杭州从来没看到过这奇异的景象。

一个清静的下午,我陪著名的美籍华人学者成中英教授乘船游览东湖,我们的船在芦苇间嘶嘶地擦过,不时惊飞一两只不能叫出名来的水鸟,或者蹦跳出肥硕的大鱼。水中,绿莹莹的水草在荡漾,好像少女的长发,伸手一捞,就是一大把,滑溜溜的。那色彩的鲜美真是无可比拟,成中英教授赞叹不已。

东湖也有画舫笙歌,也有亭台楼阁,也有长堤月桥,但比之西湖应该说是逊色多了,但东湖的野趣、东湖的质朴,却又是西湖无法比的。

西湖以人工美取胜,东湖以自然野趣见长。

无须贬低人工之美,同样亦无须过分推崇原始天然。对于人来说,两种美都需要,正如人既要吃水果又要吃蔬菜一样。

五

有人说西湖历史文化深厚,人文景观远胜东湖,这是对的。这方面东湖委实无法与西湖相比。

但东湖也不是没有一点历史文化内涵。近几年在湖中半岛磨山建设的楚文化区,也称得上丰富多彩:你看那屹立在磨山主峰的楚天台是参考楚国著名的章华台修建的,其巍峨壮观堪与黄鹤楼相媲美。“楚王好细腰,宫人多饿死”,说的就是章华台的故事。另外,楚城、楚市虽是新建的,也颇能让人领略战国时代楚国的强大繁荣。矗立在楚才园的大型楚国名人雕塑群也值得一看,特别是楚庄王驾骏马出征的造像,威风凛凛,神态逼真,把个扬言"不鸣则已,一鸣惊人"的一代霸主表现得栩栩如生。就是这个楚庄王,野心勃勃地意欲夺取周的江山,他出征归来,屯兵洛阳郊外,炫耀武力。周王十分恐慌,不知楚庄王想干什么,派大臣王孙满前去劳军,打探虚实,楚庄王竟然向王孙满打听起镇国之宝——"九鼎"来了。这就是"问鼎"这一典故的由来。

屈原是否来过东湖,目前还在历史学家们的笔墨官司之中。不过,东湖风景中所矗立的屈原像却格外地引人注目。那昂首望天的满脸悲愤让人想起那个让人扼腕浩叹的历史故事。曾听一位历史学家说,如果楚怀王不听信奸臣谗言,始终重用屈原,也许统一中国的不是秦而是楚了。这当然只是一种推测,不过,大多数历史学家认为由秦统一中国与由楚统一中国都是符合历史潮流的。

在西湖游览与在东湖游览,你感受的是两种不同的历史人文美。

西湖尽管有岳飞墓、于谦墓、秋瑾墓,应该说这些民族英雄为西湖的湖光山色增加不少阳刚之气,也平添了几许悲壮,但西湖的人文景观更多的是柔不是刚,是乐不是悲,是文不是武。

看西湖休比谁呵,方说到西施,便似了东坡。宝瑟鸣泉，烟鬟翠领，玉镜晴波。①

斗酒彘肩，风雨渡江，岂不快哉！被香山居士，约林和靖，与坡仙老，驾勒吾回；坡谓："西湖，正如西子，浓抹淡妆临照台。"二公者皆掉头不顾，只管传杯。　　白言："天竺去来，图画峥嵘楼阁开。爱纵横二涧，东西水绕；两峰南北，高下云堆。"逋曰："不然，暗香浮动，不若孤山先访梅。须晴去，访稼轩未晚，且此徘徊。"②

这才是西湖历史文化的主流。西湖让人印象最深的历史文化是美女西施（尽管她未必来过西湖），是文豪苏轼、白居易，是隐士林和靖，是佛寺灵隐、净慈、天竺……

西湖的历史文化就其本身来说很少见出悲怆、忧患与苦难，反过来倒更多的是繁华、文采与风流。

东湖的历史文化则与之不同，作为楚国的腹心地带，这里的文化充满着悲愤与忧患，进取与抗争，它是长风猎猎，惊雷裂空；是掀天揭地，是横扫千军；是大喜、大悲、大哭、大叫。楚人对于在七雄逐鹿之中输于强秦，何等地悲怆，何等地痛楚，何等地不甘心呵！"楚虽三户，亡秦必楚。"楚人就是这样地富有进取精神，这样地艰苦卓绝，这样地坚忍不拔。

在东湖游览，我总是强烈地感受到这样一种历史伟力在我心中冲腾。那天下第一碑——离骚碑，用的是毛泽东的字，屈原

① 卢挚：《蟾宫曲·六月望西湖夜归》。

② 刘过：《沁园春·寄辛承旨。时承旨招，不赴》。

的诗，配上一座小山似的红色碑体，堪称“三绝”。毛泽东、屈原都是楚人，这个结合真是太重要了！我每去东湖磨山，总是要久久地在碑前瞻仰良久，不是为了观景，而是为了一次又一次地感受到那从悠远历史奔涌而来的楚文化的雄健、刚毅。从屈原到毛泽东，这中间有多少深沉的意味耐人品味，有多少睿智、力量值得我们去吸取啊！这块碑简直就是东湖之魂灵。

在西湖，我感受到的更多的是愉悦，是微熏，是心灵的抚慰，是爱的呢喃，是美的享受；

在东湖，我感受到的更多的是力量，是惊赞，是灵魂的洗涤，是号角的激励，是真与善的呼唤！

我爱西湖，我也爱东湖！

鸾凤从四面飞来

一

在现代工商大都会兼历史文化名城——武汉市的东部，一溜逶迤起伏的青山环裹着一面浩瀚的湖，这就是举世闻名的东湖。

磨山是东湖的一个半岛。

站在耸立于蛇山之巅的黄鹤楼上眺望，云水茫茫的湖面上镶嵌着一块翡翠般的美玉，那就是磨山。

那烟波浩渺的东湖就是一个海，云气氤氲，山色空濛。在我眼中，那磨山就是方丈、瀛洲、蓬莱这样的仙山。

我想起了古代一个神话故事:一位英俊的青年名萧史,善吹箫,他的箫声能吸引鸾凤从四面飞来,绕他翩翩起舞,穆公的女儿弄玉敬慕萧史,也好吹箫。穆公喜爱这一对青年,筑凤台供他们居住。数年后,弄玉乘凤,萧史跨龙,升天而去……

我从情感上认定,这故事发生的地点就在磨山。磨山地处楚境,楚以凤凰为图腾,正是楚,才有这么多的凤凰翱翔天宇,才有这么美的凤箫声声。如今,高高耸立在磨山顶上的楚天台在我心目中,就是萧史、弄玉当年吹箫引凤的凤台。

斯人已杳,青山依然。

楚天台上吹玉笛,

何日弄玉跨凤来?

二

磨山,跻身在现代工业区中的一块难能可贵的自然宝地,它保存着几分现代人最为珍惜的原始、蛮荒。

这里,给人最强烈的审美欣喜就是野趣盎然。那大片大片的森林向人类倾吐绿色的情怀,那大片大片的草地抒写的是生命的诗篇。各种不知名的野花上时见蝴蝶翻飞,而从茂密的灌木林中又隐约传出昆虫的合唱。

这里是大自然的地籁、天籁。

磨山,野趣最浓的所在当属雁窝。雁窝又称团湖,顾名思义,它是大雁的栖息地。这里,岛渚星罗棋布,随着水涨水落,时隐时现,浅水处是一片丛林,是大雁与湖鸟栖息之地。虽然由于时令的缘故，我去游览时没发现大雁，但当我的小船泊近丛林时，“呼啦”一声，从丛林中飞出一群水鸟，霎时间，好像朝天空撒出了一张大网，那因受惊而激发的鸟叫声响彻天空，一会儿，那网向远方的天空越散越稀，变成一个个逐渐淡化的墨点，那鸣叫声也逐渐变弱以致消失。

何等迷人的野趣！

在现代文明社会，人们最看重的就是这种未遭人为破坏、骚扰的野趣！

在辛勤劳作一周之后，我最大的心愿就是来到磨山这样一块少有人问津的宁静之处，坐在草地上，看波光粼粼的湖面，望白云悠悠的天空，谛听风声、浪语、鸟鸣、虫唧、鱼喋……与大自然进行心灵的对话。

三

磨山的梅园为江南四大梅园之首，也许是因为在杭州居住了几年，灵峰、孤山之梅先入为主，开始我对东湖梅园并不怎么在意，然而去年冬天我光顾了一次东湖梅园之后，又不能不对东湖梅园另眼相看了。

首先是这座梅园面积很大，有 300 多亩，园内山坡起伏，梅花绽开之时，仿佛彩霞漫山，这般浩大的气势是杭州的灵峰梅园、孤山梅园无法相比的。

其次是品种多达 200 多种，是国内规模最大、品种最多的梅花品种资源圃。目前，它是中国梅花研究中心所在地。

当然，对于我来说，更多关注的是梅园的情趣。仅从梅花本身来说，东湖之梅与灵峰之梅其实是没有多少差别的。如果说灵峰赏梅好在灵峰那苍翠的山林为梅园之艳丽增添了魅力的话，那么，东湖磨山赏梅好就好在它的梅花大多倒映在澄碧的湖水之中。梅开之时，繁花在湖中投入倒影，嫣然一片。水中，蓝天、白云、彩霞、红梅浑然一片，把个水中世界打扮得艳丽多姿。

一个明媚的月夜我去磨山访梅，站在小巧精致的暗香桥上，欣赏朦胧月色下花在湖水中的倩影丽姿。这时，也只是这时，我才真正领略到林和靖这两句诗的美妙："疏影横斜水清浅，暗香浮动月黄昏。"

四

到东湖游览，荷花也许给你的印象最深，一则是荷花就在磨山的车道旁边，二则荷花开在盛夏，且花期很长。

磨山的荷花种植在内湖——严家湖上，初夏，你来到磨山，那粉绿的荷叶在水面高高低低的遮盖着，荷颈亭亭玉立，柔嫩无比，微风动处，荷叶沙沙作响，阵阵清香扑面而来。在所有的绿叶中，惟有荷叶绿得那么潇洒，那么雍容。盛夏，荷花开了，拳头大的花蕾，碗口大的花朵，是那么娇盈，那么艳丽 ，那么清纯。

自古以来，文人墨客无不爱莲。宋代道学家周敦颐的《爱莲说》堪称千古绝唱，那"出淤泥而不染，濯清涟而不妖"的佳句脍炙人口。夏夜，坐在河池旁的喜雨亭上静静地赏荷，我不只是在看，也在听，在嗅，在品，在全身心地与荷进行情感的交流。

我似乎能感受得到荷轻微的呼吸，听得到它跳动的脉搏，闻得到它沁人的芳香。尽管荷在世界各地都有分布，但我更倾向于荷花与中华文化的亲缘关系。浙江余姚"河姆渡文化遗址"中,发现有距今7000年前的荷花花粉化石,中国最早的诗歌《诗经》与《楚辞》中也有关于荷花的动人描绘。荷花很早就被认定为吉祥物镌刻在器皿上,最有名的是1923年在河南新郑出土的春秋时期的青铜"莲鹤方壶"了。壶盖上,莲花花瓣向上展开,托出一只极清新俊逸的鹤来。这是多么富有象征意味的装饰啊!

"清水出芙蓉,天然去雕饰。"

五

在磨山游览,与在西湖孤山上的感觉迥然不同。同是湖中的一个岛,也同样用一条长堤与陆地联结,但磨山近百倍的大于孤山,它的总面积达451公顷。在磨山玩一整天犹嫌不够尽兴,很多地方还未能细细观赏。

磨山是颇有点气势的,这种连绵六七个山峰的湖岛在中国恐怕不多。现在的磨山公园只开发了不到一半的山峰。磨山尽管已是很大,但与浩瀚的东湖相比,只是"白银盘里一青螺"。坐磨山的缆车上山,观看东湖的效果极佳。随着高度的上升,东湖越来越显得雄伟、空阔。有一次我陪一位美国教授坐缆车上山,她在中途看到东湖如此之美,情不自禁地欢呼起来。过后她说,这是她所看到过的最美丽的湖景。

大凡风景以相映相对见趣,磨山本是秀美的女孩子,因为有浩瀚的东湖作映衬,更见其精妍,也增添了几分雄壮。

磨山的最高峰,耸立着雄伟壮丽的楚天台。其造型雄伟华丽，且与青山、碧水实现了最好的配合。站在台上，武汉三镇可收眼底，东湖对岸的幢幢高楼在灰蒙的烟岚上呈现出矫健挺拔的雄姿，成为磨山绝妙的对景。如若将视线从左前方放开去，隐隐可见屹立在蛇山的黄鹤楼。一楼一台，左顾右盼，相得益彰。

相传刘备曾在磨山祭天，这是现今所知磨山惟一的古迹。这当然有助磨山的神奇，但是在我看来，磨山最大的魅力还是自然本身的野趣与壮丽。在特大型的城市武汉，有这样一座紧临市中心的自然风景区，实在难得。

磨山，武汉人的奇珍！

朱碑亭记

一九五四年三月一日，春风骀荡，骄阳灿烂，开国元勋朱德杖履磨山。远峰含黛，东湖凝碧，白鸥掠空，锦鳞游泳。元帅灿然心喜，朗然吟道："东湖暂让西湖好，今后将比西湖强。"一语胜金，千古留音。西湖如佳人，浓妆艳抹；东湖似高士，气清神逸。西湖温馨如玉，东湖雄壮似海，风貌神韵各千秋。然西湖经营日久，名闻天下，东湖养在深闺，初见大方。元帅挚爱东湖，期望甚殷。一九八二年四月，武汉东湖风景区管理局建碑亭于磨山第一峰以纪念之。二零零四年三月，值元帅题词50周年际，东湖风景区管理局翻修碑亭，并树元帅铜像。盛世美事，特作文以记之。

日出时刻

2003年8月11日在自赫尔辛基至北京的051航班上,已是深夜了,乘客们大多已休息,我却精神饱满,期待着一次极为奇丽雄壮的空中日出。

凌晨四时许,我将机上的窗户的遮板推了上去,我在想,该到观赏日出的时候了。从窗望去,只见一大片黑沉沉的云将大地覆盖得严严实实,但云与天的交界线还是很清楚,亮亮地呈一条长长的白灰色的长带,这条带子的上方与灰蓝色的天空相晕和。天空闪耀着北斗七星。与在地球上望北斗星不同的是,不是仰视,而是平视,星星也特别的大,也许是天上云气厚，这星不是很亮，有些灰。但远处，有一颗不知名的星呈金红色，倒是灿烂明亮。整个天宇肃穆、神秘，且有些恐怖。

我们的飞机正在蒙古的上空穿行。地面上，城市、乡村、草原笼罩在黑幕中，绝大多数的生灵在酣睡，但夜游的动物正在忙碌着，有人也在忙碌着。即将天亮的清晨，在地面往往是一夜中最黑暗的时候，非常有意思的是，太阳也就在这个时刻临近跃出云层，躁动于母腹中的婴儿也多是在这个时刻临近产门，这是一个黑暗势力最为强大也最为虚弱的时刻，一个对产妇来说最为痛苦也临近最大快乐的时刻。

我目不转睛地观察着云层的变化，似乎什么变化也没有，云还是那样黑，那样厚，那样重，天空的亮度并没有增加，我没有失望，反而看得更紧了。在仔细地搜索中，我似发现云天交际处飘出了一条黄色的带子，那带子不知是什么时候飘出来的，一会儿，我发现天空的亮度增加了，灰白色中增加了橘黄，那黄色的带子融进了天空，北斗星消失了。黑色的云层还是那么厚，那么黑。一看表，四时三刻。

令人震撼的景观出现了，黑云上方有一道金色的光，很亮，像一条活跃的金蛇。临近天际线的黑云中裂出一道长长的红色，像是画家在黑色的背景上任意挥洒的一笔，那样的鲜红，与鲜血无异，那样的刺激，像是熔炉中横着的利剑。那景象十分的刺激，兴奋中寓有恐怖，恐怖中又寓有希望。我发现，原来黑色与红色是这样的和谐，又是这样的具有最为强烈的视觉冲击力。是时五时正。

天空中的色调在明显地变亮，天际处的亮带在增大，白色逐渐增加黄色，增加红色，现在已是橘红色的一条宽阔的河流了；然云层的黑色还是那样黑，那样厚。

变化突然出现了。夹在黑色云层的那条的长长红云，有一个地方亮了起来，露出一个光点，那光点闪耀着银色的光芒，继而光点成了一弯小小的镜子，继而变成半块镜子，继而成为一面圆镜，颜色也就由银色变为金色，亮度在增加，在半块圆镜时，还可以看清全貌，到成为一面圆镜，亮晃晃的，就不能看了。是时，五点一刻。

新的太阳终于出来了，新的生命终于诞生了。我似乎听到了地面上婴儿的第一声啼哭，是那样的响亮，那样的清脆，划破黎明前的黑暗，迎来灿烂的曙光。婴儿诞生时，难免有鲜血，有污秽，正如《周易·坤卦》云："龙战于野，其血玄黄。"可不，太阳虽然已从黑云中跃出，但它的中部还是横着两条黑色的云带呢！然而不一会，黑带消失了。

太阳完全跳出了云层。厚厚的黑云不知什么时候消失了，一堆堆白云出现了，它们有的像是草原上的羊群，有的像是一座座的奇峰，一排排地向着飞机飞行相反的方向移动着。隐隐地我能看清地面上的山岭。

瞬间，天空陡然变亮了，是那种橙红色均匀的色调铺在天空中，天空那条橘红的河成为橙红的湖，继而橙红色的湖成为蔚蓝色的海。天全亮了，是时五点半。

中国的历书将早上三时到五时称为寅时，这正是日出的时刻，难怪中国古人认为这个时刻是婴儿出生的最佳时刻，他们与太阳共生。其实何止婴儿出生如此，这个时刻也是人由深度睡眠向浅度睡眠直至苏醒的时刻，是做梦的时刻，多少新奇的构思,多少美妙的策划,多少辉煌的未来,就是这个时刻先出现在人的梦境中。这梦是希望的精灵,是创造的胚胎,是幸福的预示。

中国的周易将日出列了一个卦,名为晋。晋首先是生,生命、生活、生态。生命的不断发展,生活的不断前进,生态的持续平衡。这就是地球——人类惟一的美好家园。

晋也意味着升,意味着发展,前进,兴旺。

晋更意味着新,每天的太阳都是新的,每天的事业都是新的,每天的生命也都是新的。《易传》云:“富有之谓大业,日新之谓盛德。”“苟日新,日日新。”

生的喜悦,升的伟大,新的神秘,美的灿烂,全在日出时刻。

多么让人心醉的日出,多么令人鼓舞的日出!

寻访三生石

大概是在冯梦龙的“三言”中,我最早知道“三生石”的故事。那时年幼,也不在杭州,故对小说中“三生石”在杭州的记载一点也没留下印象。激发我寻找三生石的动机来自最近读新加坡著名书法家、诗人潘受先生的《西湖杂诗》:

行经天竺三生石,
吟答风松十里涛。
顾影山灵亦怜我,
两肩瘦并两峰高。

一阵惊喜掠过心头！何不去寻找三生石?

也许是西湖人文景观太丰富了,“三生石”在杭州是没有任何名气的,问了好几位杭州朋友,竟也不知“三生石”究在何处。好在天竺倒是常去游览的,我想附近居民总该知道吧！

1993年7月13日,我终于在三天竺(法镜寺)后右侧一块废弃的茶园寻到了三生石。环顾四周,乱石纵横,杂草丛生,荒芜不堪。不消说,定然是游人罕至了。珍宝混同顽石,见弃如此,令人心痛不已。

三生石是一块状貌嵚奇磊落的巨石。三个红色的篆字——“三生石”碗口般大小,刻在碑的内侧,很不显眼;石头较光滑的一面,镌刻着一段碑文:

唐圆泽和尚　三生石迹

师名圆泽,居慧林,与洛京守李源为友,约往蜀山峨眉礼普贤大士。师欲行斜谷道,源欲沂峡。师不可,源强之,乃行。舟次南浦,见妇人锦裆负婴汲水,师见而泣曰:“吾始不欲行此道者,为是也,彼孕我已三年,今见之不可逃矣,三日浴儿时,顾公临门,我以一笑为信。十二年后,钱唐天竺寺外,当与公相见。”言讫而化。妇既乳儿,源往视之,果笑,寻即回舟。如期至天竺,当中秋月下,闻葛洪井畔有牧儿扣角而歌曰:“三生石上旧精魂,赏月吟风不用论,惭愧情人远相访,此身虽异性常存。”源知是师,乃趋前曰:“泽公健否?”儿曰:“李公真信士也,我与君殊途,切勿相近,唯以勤修勉之。”又歌曰:“身前身后事茫茫,欲话因缘恐断肠,吴越江山寻已遍,欲回烟棹上瞿塘。”遂去,莫知所之。

民国二年夏四月日立　　嘉兴金庭芬书

本寺住持继祖同德月涛重刻

诵读碑文,感慨系之。自然,作为佛教的故事,它宣传的是佛教最基本的教义:因缘与轮回。但是,这种教化显然染上了极为浓厚的人情味。骨子深处,它是在歌颂人生最宝贵的东西——情义。

人生在世,如果只是穿衣吃饭,结婚生子,那与动物何异?人生最大的乐趣、最大的意义就在“情义”二字。读过《红楼梦》的人当记得,作品中的主人公贾宝玉与林黛玉爱情的由来原是为了还情义债。小说写道:西方灵河岸上三生石畔有棵绛珠仙草,赤霞宫中有位神瑛侍者常在灵河边行走,看见这株仙草可爱,就每日用甘露灌溉它。后来,神瑛侍者下凡去了,成为荣国府贾政的公子——贾宝玉。这受过神瑛侍者恩惠的绛珠仙草因得甘露滋润,脱胎成人。只因要报神瑛侍者的灌溉之恩,也下凡来了,这就是江南苏州林家的女公子——林黛玉。这故事当然是虚构的,但耐人寻味。细想想,人到世上走一遭,不就为了还几份情义债么?人在这个世界上有多少种身份,就有多少种情义债;你是儿子,要还对父母的情义债;你是妻子,要还对夫君的情义债;你是人家的朋友,要还对朋友的情义债;你是公民,要还对国家的情义债……还债是天经地义的事,至于债务由来,或为前世的命定,或为后世的缘分,又有多少道理可以讲清?情义债非经济债,是没有办法量化的,也无法对等。如果要有个衡量,那只有用心去衡量了。我总觉得情义债有种绝对性,它不容说清,也不容量清。人类的重大活动,举凡政治、军事、经济、科技,都不能脱尽情义债。

这个世界上什么最重？荣誉，地位，金钱？都不是。只要是有一定的生活阅历的人都会知道：情义最重。我们中华民族是最讲情义的。好夫妻做一辈子不够，期待来世再做；好朋友交一辈子不够，期待来世再交。“三生石”的故事反映的不就是人们这种美好的愿望么？和尚圆泽以“三生”酬报李源的友谊，其情之高，其义之厚，无法衡量，真可谓情天义地！

在“三生石”畔徘徊，久久不忍离去，时暮云四合，群鸟归林，聒噪而过，晚风遂起，松涛阵阵。俄而诗意袭来，依潘受先生诗原韵吟成一绝：

蒿莱幸睹三生石，
不绝心涛逐松涛。
世间万般皆下品，
惟有情义价最高。

附记：1994 年秋，我要离开杭州去武汉工作，临行再访三生石，时当中午，寂静无人，绿意阴凉，沁人肺腑。抚摸青石，重读碑刻，心涛依然如旧，流连忘返，不忍离去，俄而吟成一绝：“莫是前缘旅杭州，赏风吟月五春秋，白云青山应识我，期约三生再重游。”记之遂去。

结语　山光水色与人亲

感谢伟大的大自然，为人类造就了一个多么美好的生活环境。那险峻的高山，那奔腾的江河，那苍翠的森林，那飞悬的瀑布，那一碧万顷的湖泊，那姹紫嫣红的山花……给予我们的不仅是取之不尽的物质生活资料，而且是丰富奇妙的精神享受。这种精神财富又是那样无偏私地为全人类所共有，正如苏东坡所说：

> 且夫天地之间，物各有主。苟非吾之所有，虽一毫而莫取。惟江上之清风，与山间之明月，耳得之而为声，目遇之而

成色,取之无禁,用之不竭,是造物者之无尽藏也,而吾与子之所共适。①

自古以来,人们对"山水之乐"赞美不绝,认为旅游是人生一大乐事。东晋诗人谢灵运酷爱山水,曾特制木屐,为登山之用,人称"谢公屐"。他周游全国,自称"江北倦历览,江南旷周旋。"唐代诗人李白"一生好入名山游",足迹遍及大半个中国。明代著名的散文家张岱,不仅自己爱游山,还出启事,邀伴同游。这应是中国第一个旅游邀伴的广告,读来兴味盎然,录之如下:

幸生胜地,鞋靸间饶有山川;喜作闲人,酒席间只谈风月。野航恰受,不逾两三;便磕随行,各携一二。僧上凫下,觞止茗生。谈笑杂以诙谐,陶写赖此丝竹。兴来即出,可趁樵风;日暮辄归,不因剡雪。愿邀同志,用续前游。

凡游以一人司会,备小船坐毡茶点,盏箸、香炉、薪米之属,每人携一篮一壶二小菜。游无定所,出无常期,客无限数。过六人则分坐二舟,有大量则自携多酿。约×日游×再次×右启。某老先生有道。司会某具。②

这是一个很有趣的广告,从广告中可以看出,游山在当时已成为士大夫的一种雅兴。

今天,旅游更普遍了。在地球这块神奇的土地上,每天有多

---

① 苏东坡:《前赤壁赋》。

② 张岱:《琅嬛文集·游山小启》。

少游人在兴致勃勃地攀高山、泛清流，寻胜于幽壑，徜徉于林海。近半个世纪来，随着物质文明的高速发展、现代化的大中城市勃然兴起，越来越多的人进入城市生活，与自然山水隔绝了。这种隔绝造成生理和心理上的失调，一有机会，人们总是乐于走出城市，走向森林，走向湖泊，仿佛是远离家乡的游人回到母亲的怀抱，感到分外舒坦、亲切和愉快。

大自然有利于我们的身体健康，这是众所周知的。除此之外，大自然还是恢复我们身心平衡的重要手段。我们大概都有这样的体会：心情不舒畅，到风景名胜之地游览一番，会消除许多烦恼。且紧张也可以化为松弛，焦躁可以变得安静，愤懑可以化为平和，忧郁可以变得开朗，哀怨可以化为欢乐……

柳宗元被贬，来到蛮荒之地——永州，心情十分郁闷，"恒惴慄"，然而一得奇山秀水，便忘怀得失，徜徉于山水之间，"悠悠乎与颢气俱，而莫得其涯；洋洋乎与造物者游，而不知其所穷"①。陶渊明做官不如意，回乡务农，纵情山水，"或命巾车，或棹孤舟。既窈窕以寻壑，亦崎岖而经邱"，"登东皋以舒啸，临清流而赋诗"，觉得在这种人与自然相统一的境界中生活得十分快活："聊乘化以归尽，乐乎天命复奚疑"。② 李白诗云："人生在世不趁意，明朝散发弄扁舟。"③的确，"弄扁舟"的壮游生涯，给他不快意的政治遭遇带来了安慰。

美国美学家桑塔耶那说："大自然也往往是我们的第二情

---

① 柳宗元：《始得西山宴游记》。

② 陶渊明：《归去来辞》。

③ 李白：《宣州谢朓楼饯别校书叔云》。

人,她对我们的第一次失恋发出安慰。”①为什么自然山水能调节我们的情绪,恢复我们的生理、心理平衡呢?道理有二:其一,“注意”转移,自然山水美有很强的诱惑力,它可以将人们从烦恼、颓丧、苦闷、哀愁等消极情绪中拉出来,实现“注意”的转移;其二,山水美本身就具有心理医治作用,它能给人感官上的快适、情感上的愉悦、思想上的启迪,从而让人从自身唤起一种正面的精神力量去克服消极情绪,去与困难做斗争。

欣赏自然山水美还常常是激发创造性灵感的重要手段。人们久思不解的问题,在山水美欣赏中会莫名其妙地突然得到解决的启示,仿佛电光石火,主体心理一下子给照亮了,获得颖悟,顿时进入一个奇妙的思想境界。这就是我们常说的灵感状态。

有科学的灵感。比如牛顿在苹果树下看见苹果落地,忽悟万有引力定律;鲁班在山中手被茅草划破,由此顿悟,发明了锯子。也有艺术的灵感。比如罗曼·罗兰创作《约翰·克利斯朵夫》,其最初的动机是这样产生的:

> 夕阳在下山,深红色的城市在我足下形成半圆形,燃烧着。亚尔彭群山的笑意正在天际消逝。索拉克特山上的拱门似乎在荒原上飘浮……此刻我又生活在那一瞬间了;我又确切地看到了使我精神得到新生的地点,从此它一直深深地渗透于我的思想中,即使在二十多年后,当我最亲密的朋友——使那令名又戴上桂冠的年青兄弟(指法国近代

---

① [美]乔治·桑塔耶纳:《美感》,中国社会科学出版社 1982 年版,第 41 页。

诗人亚尔方斯·德·夏多勃里昂——引者)跟我一起在罗马,初次经过姜尼克仑山时,他就止步了说:

"我看见了约翰·克利斯朵夫……"

他的心灵的触觉感到了那遥远的往日的震动,那时涌现了克利斯朵夫自己,那个人,而不是那作品。①

从罗曼·罗兰自己这段介绍来看,正是姜尼克仑山的壮丽景观激发了他的创作灵感,约翰·克利斯朵夫的形象突然在他脑海里浮现,就是那绚丽的夕阳,那崇高的山岭刺激了他的感官,激发了他的想象。

山水美欣赏为什么能激发灵感呢?这或者是联想、想象所致。虽然自然山水与社会生活是两种不同性质的物质形态,但它们也有共同的力的结构模式、有共同的规律,因此可以触类旁通。当然,也可能因为在山水美欣赏中,人的精神状态、身体状态良好。由于远离了繁忙的工作,紧张的思绪松弛了,这就为思想的自由驰骋打开了闸门,于是,种种新鲜的想法就从脑海里冒出来了。

如果把灵感的产生看成是在外部事物的刺激下,大脑中暂时的神经联系非自觉性的偶然接通,那么由自然山水的形貌和自身发展规律自觉地联想社会生活中某些与之相似或相关的道理,则是一种形象思维。

苏轼游庐山时,感到庐山景观太丰富,难以整体把握,

① 《罗曼·罗兰文钞》,转引自:《外国作家谈剧作经验》(下册),山东人民出版社1980年版,第443页。

吟诗道：

横看成岭侧成峰，远近高低各不同。
不识庐山真面目，只缘身在此山中。

这不只是在感知，而是在思维，因为它明显地悟出一种哲理，这种哲理不是用概念，而是用形象来表示的，它是形象思维。

王安石的诗《登飞来峰》：

飞来山上千寻塔，闻说鸡鸣见日升；
不畏浮云遮望眼，只缘身在最高层。

由塔之高，联想到“闻说鸡鸣见日升”，再联想到“不畏浮云遮望眼”，最后归结到原因：“只缘身在最高层”，合乎逻辑地导出了“登高望远”的人生哲理。

高尔基把旅行称为最好的学校，波斯诗人萨迪把人生划做三段，以活到90岁为标准，第一个30年应该获得知识，第二个30年漫游天下，第三个30年从事创作。当然这样去划分人生是不现实的，但在人的一生中应该有一定的时间去旅行，这个意见倒是很正确的。康·帕乌斯托夫斯基说：“旅行能够产生像海水、像玫瑰色的希腊群岛上空的晚霞，像松涛的轰鸣、像树叶的呼吸和百鸟的歌声一样活生生的知识。”①这说得很正确。

---

① ［俄］康·帕乌斯托夫斯基：《面向秋野》，湖南人民出版社1984年版，第25页。

如果你想成为自己祖国和整个大地真正的儿子，如果你想成为一个知识渊博、情感丰富的人，如果你想成为一个具有崇高的创造精神、具有高度的审美能力的人，就扑向大自然的怀抱，接受她的熏陶、教诲吧！

附录：自然至美[①]

人类文化史上，虽然不乏对自然美肯定的观点，但那多数是文学家、艺术家所为，明显地带有艺术的色彩。从美学史的角度来看，自然美从来没有获得过比较高的地位。在美学中，经典的领域是艺术。艺术是美学研究的主要对象，艺术美是最高的美。随着环境美学的兴起，对自然美的审视获得了新的视角，不是艺术美而是自然美应成为美学领域中的主角，而且不是艺术美而应是自然美是最高的美。本文试图提出“自然至美”

① 原载《美与当代生活方式》，武汉大学出版社 2005 年版。

说，就教于同行。

一

众所周知，美学作为一门学科的建立是18世纪的事，德国理性主义哲学家鲍姆嘉通被公认为“美学之父”。然而在他写的美学开山之作《一切美的科学的基本原理》（1750年）中，自然美根本没有地位。康德的《判断力批判》（1790年）是美学经典著作，从学科建设的意义上，其实不是鲍姆嘉通的《一切美的科学的基本原理》而是康德的《判断力批判》是美学基本理论的奠基之作，然而这部著作也没有谈到自然美。黑格尔是德国古典哲学也是德国古典美学的集大成者，他写了皇皇三大卷《美学》，对美学的理解与鲍姆嘉通和康德不同，对于鲍姆嘉通和康德来说，美学被看做认识论的一部分，黑格尔诚然从体系上没有超出西方美学这种固有的传统，但比之鲍姆嘉通和康德，他更为明确地将美学定位于艺术的领域中，所以他说，美学，严格来说，应是艺术哲学。作为艺术哲学的美学，自然美当然没有地位了。与鲍姆嘉通和康德不同的是，黑格尔倒是专门讨论了自然美，但是，自然美在他看来，远远比不上艺术美。他说：“艺术美高于自然，因为艺术美是由心灵产生和再生的美，心灵和它的产品比自然和它的观念高多少，艺术美也就比自然美高多少。”①车尔尼雪夫斯基在哲学上是反对黑格尔的，他的基本的美学观点是“美是生活”。他讲的生活自然是人的生活，实际上，他是将社

① 黑格尔：《美学》第一卷，商务印书馆1979年版，第52页。

会生活美看成基本的美，自然美，在他看来，只是“使我们想起人来（或者，预示人格）的东西，自然界的美的事物，只有作为人的一种暗示才有美的意义”①。

当然，西方美学史中也有一些学者将自然美看成本源性的美者，把自然美看得比艺术美更高，但是这些观点基本上不占主流地位，而且多半是艺术家的言论，艺术家出于模仿自然的需要，在某种背景下，也会说些歌颂大自然的话。西方近代的浪漫主义文学思潮中也一度出现对自然顶礼膜拜的现象，但崇拜自然不是目的，浪漫主义的作家们只不过是借歌颂自然来歌颂人的创造精神。只要比较深入地审视西方美学史，我们就会发现，在西方美学的主流话语中，自然美从来没有获得过与艺术美相同的地位。

中国古代描绘歌颂自然的文学艺术作品很多，但是，在美学理论中，自然物是道的存在。南北朝时的画家宗炳认为：“圣人含道应物，贤者澄怀味像。至于山水，质有而趋灵。”②也就是说，自然美的价值重要的不在自然物本身，而在它能让人从欣赏自然中领悟出道的意味来。

在中国当代美学的研究中，关于自然美大体上说来有三种观点：一种观点以朱光潜先生为代表，他认为自然本无所谓美，自然美是人类的主观意识加上去的，“单靠自然不能产生美，要

---

① 车尔尼雪夫斯基：《生活与美学》，人民文学出版社 1959 年版，第 11 页。

② 宗炳：《画山水序》。

使自然产生美，人的意识一定要起作用。”①自然美与艺术美在特质上是一样的，它们都是人的意识形态的产物，只是囿于自然物在很大程度上受制于自然，它不像艺术美纯然是人的意识的创造，所以在地位上低于艺术美。第二种观点是自然物有美，它的美就美在自然本身。这种观点以蔡仪为代表。蔡仪以老虎为例，说：“一般人认为老虎这样的猛兽也是美的，它的美又在哪里呢？我们认为它的美几乎和雄狮一样，是和它作为猛兽的属性条件分不开的，它也是肢体雄壮，气力勇猛，钩爪锯牙等，都充分地体现着作为猛兽的那种属性”②。第三种观点以李泽厚为代表，他认为“自然美的本质仍然来自客观的社会生活、实践”。他认为自然的人化，是山水花鸟、自然景观成为人们审美对象的最后根源和前提条件。自然美与社会美相对，“如果说就对社会美而言，善是形式，真是内容的话；那么自然美便恰恰相反，真是形式，善是内容”③。

三种观点没有明确说自然美的地位高低，但是从论述来看，自然美的地位不可能是高的。朱先生与李先生都将自然美的本质归结于人，不管是人的意识，还是人的社会生活，它的美无论如何也高不过人类自身的美。蔡仪先生将自然美的本质归之于自然本身，似是将自然美独立于人，但如果进一步追问：这老虎所体现的猛兽的特质、肢体雄壮、气力勇猛为何又是美的呢？还

---

① 朱光潜：《朱光潜美学文集》第三卷，上海文艺出版社 1983 年版，第 316 页。

② 蔡仪：《新美学》（改写本）第一卷，中国社会科学出版社 1985 年版，第 274 页。

③ 李泽厚：《美学四讲》，三联书店 1989 年版，第 89～90 页。

是会追溯到人的观念与生活中去，所以，这三种观点其实都是不那么看重自然美的。

二

为什么自然美从美学产生以来，总是被看成是人工美的附属、陪衬或象征？这与人类对自然的观念有关。人类从产生以来，对自然的看法大体上经历过两个阶段：神本主义与人本主义。在神本主义阶段，虽然人类已经从单纯地依赖自然的赐予发展到对自然的索取，由对自然的消极适应逐步向对自然的改造过渡，但人类过低的科学技术水平与生产力水平远不能取得与自然相抗衡的地步。出于对自然的敬畏，人类将自然看成神灵的化身，不是人，而是神控制着人的命运。在这个阶段，自然在人的精神世界中也有美，但这种美更多地表现为对自然的敬畏感，近于崇高。在极小的范围内，自然也可能以优美的形态出现，那主要是人类自身创造的动植物的美，诸如农作物、家畜等。过强的功利观念与巫术意识扭曲着、压抑着人类对自然美的欣赏。

人类从神本主义解脱出来进入人本主义，大约是从原始社会到奴隶社会过渡时期，史称文明时代，这个时代一直延续到今天。人本主义时代又可以分成两个阶段，前一个阶段以农业文明为主体；后一个阶段以工业文明为主体。两个阶段的人本主义是不一样的，农业文明对待自然的态度，表现出浓郁的亲和性。人类对自然的利用与改造，主要通过肉体直接与自然的接触进行的，人对自然的那种天然性的情感超过跟自然对立的认识性的理解，应该说这种关系是比较富于美学意味的。在诗人陶渊明的诗篇中，我们能体会到这种美学意味，诸如："山涤余霭，宇暖微霄。有风自南，翼彼新苗。"①"种豆南山下，草盛豆苗稀。晨兴理荒秽，带月荷锄归。道狭草木长，夕露沾我衣。衣沾不足惜，但使愿无违。"②

农业文明的人本主义我们可以将它叫做自然人本主义，工业文明的人本主义有所不同。工业文明是建立在科学技术高度发展基础上的，在工业社会，人类对自然的改造，不论从深度还是从广度上来看，都远远超过了农业文明阶段。由于人对自然的改造是假手于机器进行的，因而人对自然的关系，那种天然性的情感意味削弱了，而理性的认识加强了。这种观念一直影响到今天。在当今西方有关环境美学的论著中，不少学者认为，科学技术的发展有助于人类对自然美的认识，由于自然本身的无限性以及人类科学技术的不断发展，人们能够不断地发现自然的生成，发现在这个生成中所产生的美。这诚然是对的，但也要看到，人所感受到的自然美的内涵也有许多变化。

由于工业文明的人本主义主要建立在高科技的基础上，我们将这种人本主义称之为科技人本主义。科技人本主义强化了人是宇宙主人的理念，突出了人这惟一的主体，必然强化人与自然的对立。这种对立的关系从本质上来说是反审美的。虽然人本主义时代人类对自然仍然有审美关系，但那是有前提条件的，那就是局部地将人对自然的掠夺、改造暂时性地悬置起来。正

① 陶渊明：《时运》。

② 陶渊明：《归园田居》。

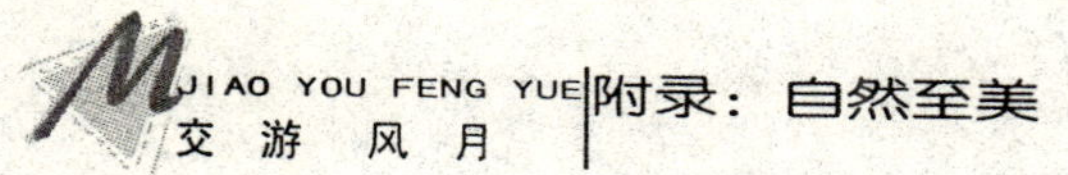

是因为在人本主义时代，人与自然的关系从总体上来说是处于对立的关系，是人为主体，自然为客体，因此，自然美不可能处于高于人工美的地位。

20世纪出现了一种新的审视自然与人的关系的视角，这就是生态主义。“生态系统”是英国生态学家坦斯勒在1935年提出来的。生态首先是作为自然科学观念，其后成为哲学观念，成为人们观察世界的一种视角。在我看来，人文主义、科技主义、生态主义是人类处理人与自然关系的三大哲学体系。这三种哲学体系不是独立的，它们互相渗透、交叉，如人文主义就可以有科技人文主义，生态人文主义。同样，生态主义也可以有人文生态主义、科技生态主义。生态本是客观存在，长期以来没有得到人们的高度重视，而今之所以受到人类的重视，并且形成一种哲学观念，是因为地球上的生态系统遭到巨大破坏。虽然人凭借高科技在认识自然、征服自然上取得了很大的胜利，它将严重地危及地球的生存和人类的生存。对此，英国学者阿诺德·汤因比说：“人类将会杀害大地母亲，抑或将使它得到拯救？如果滥用日益增长的技术力量，人类将置大地母亲于死地；如果克服了那导致自我毁灭的放肆的贪欲，人类则能够使它重返青春，而人类的贪欲正在使伟大母亲的生命之果——包括人类在内的一切生命造物付出代价。何去何从，这就是今天人类所面临的斯芬克斯之谜。”①正是在这种背景下，人类发现，自然原来不是可以任意揉弄的，它有它自身的意志、自身的价值、自身的运行规律，

① 阿诺德·汤因比：《人类与大地母亲》，上海人民出版社1992年版，第735页。

只是它没有人这样的形体与精神。于是一系列的哲学反思产生了，虽然哲学家们对“生态观念”是不是成为一种主义还有不同的看法，但是生态作为一种哲学观念似乎没有不同的意见。

三

以生态主义的观点来看待人与自然的审美关系，自然美的性质就会得到重新认识。首先，自然美是谁创造的美？过去的观点认为要么是自然本身创造的，要么是人创造的。按生态主义的看法，自然美是生态与文明共同的产物。

这里有一个问题需要明确，审美发生通常有两个层面的意义：第一，从人类的审美发生来看，人类的审美发生，实质上是说，人类具有审美的可能性；第二，从个体的审美发生来看，它是讲，人类的审美可能性如何在个体的人身上实现。人类的审美可能性可以换个说法——审美潜能。审美潜能分别存在于审美对象与审美主体身上，审美对象之一的自然为何具有审美的潜能？这是自然生态与人类文明共同的产物。自然生态包括两个方面：一是自然物与自然物之间的平衡关系，我们现在所面对的自然界，其无机界与有机界存在着一种能量的转换关系。如无机物的水就是有机物的生命之源，而有机物所创造的无机物如植物呼出的氧又是无机界的来源之一。再就是无机物与无机物之间、有机物与有机物之间都存在着能量的转换。自然界包括无机界、有机界、人这三者之间都存在能量的转换。人要活着，必须要有阳光、空气、水，这阳光、空气、水就来自无机界；人要活着，还要有食物，食物来自有机界与无机界。这是一个牵一而发动全身的网络，任何一个环节的变化都会影响到人的生存与发展。这个观念现在科学家们将它说成是“生物圈”，也就是生态。生态的运动有一种力量在推动着，这种力，我们可以叫做“生态力”；生态的调节似乎有一种意志在支配着，这种意志不是人的意志，也不是神的意志，它似乎是盲目的却有一种客观必然性的存在，我们可以将它叫做“生态意志”。正是这种生态意志与生态力造就了自然的审美潜能。我在《当代美学原理》一书中，将这种生态意志与生态力称之为“自然创化”。① 我们所面对的任何一种自然物之所以是这种模样，都是自然创化的结果。

造就自然审美潜能的还有人的活动。人的活动不论是作为物质层面的生产劳动，还是作为精神层面的艺术活动与科学活动，都在培植自然的审美潜能。也许它并没有改变自然物的形态，但它改变了自然与人的关系，让自然成为人的生命的某种意义上的肯定。这种肯定可以总结为如下八种情况：（一）人的物质产品的原料；（二）人的科学研究的对象；（三）人的艺术描写的对象；（四）人的神灵崇拜的对象；（五）人的某种哲学或道德思想的象征；（六）人的某种精神寄托的对象；（七）人的身心愉悦的观赏对象；（八）人的创造性思维的启迪物。所有这些，我们可以称之为“自然人化”。

自然创化与自然人化共同创造了自然的审美潜能。这里，自然创化是自然审美潜能创造的基础。自然人化所创造的自然物的价值消融在自然物的形态之中，呈遮蔽的状态，只是在个人

---

① 陈望衡：《当代美学原理》，人民出版社 2003 年版，第 23 ~ 25 页。

的审美活动中才得以开显。就自然审美潜能的创造来看，生态构成了自然审美潜能的基础，所以我们可以说，自然美有两性：生态性与文明性。生态性是自然美之本，文明性是自然美之灵。

从生态主义的立场上看待地球上的一切，你就会发现，不仅人具有智慧，任何一物都具有它们的智慧，正如美国学者纳塔莉·安吉尔所说："在大自然的赌场里，物竞天择、适者生存的规律和运气一起保持这场活泼生动的赌局。"①这种活泼生动的赌局，就是生态的平衡。这种生态平衡是生态智慧的产物，这种生态智慧是自然美的重要源泉。

生态强调的是宇宙的和谐，这种和谐不同于中国古典哲学所说的"天人合一"。中国古典哲学说的"天人合一"只是一种精神上的人与自然的和谐，而生态和谐是现实物质层面的和谐。这种和谐的实质是地球上生命的延续与发展，是生命的网络系统，系统重于任何一种生命。为了生命系统的延续，任何生命包括人的生命都不能不为之做出某种牺牲。这就是说，人的生命在这个地球上不是绝对的，为了这个生命的系统，也就是生态得以平衡，人不能不收敛自己的贪欲，不能不控制自己改造自然的规模，不能不控制自己人口繁殖的速度。

生态主义与人文主义、科学主义并不存在绝对的对立关系，它们完全可以获得一种统一。因为生态主义从其实际来看，也是人文主义，只不过是一种放大的人文主义。它与科学主义在本质上也是一致的，生态主义当然是科学主义的，与一般的科学主义之不同，它有着明确的目的性，它以维护自然生态的平衡为

---

① 纳塔莉·安吉尔：《野兽之美》，时事出版社 1997 年版，第 117 页。

最高原则，从而反对违反这个根本目的的一切科学活动与技术活动。

从生态主义、人文主义与科学主义三者相统一的观点来看，自然美的本质在生态的和谐。

四

在审美形态的家族中，向来是以艺术美为中心的，艺术美被人们看做最高的美，这是典型的人文主义的美学观。而在生态主义、人文主义、科学主义三者统一的时代，这种美学观遇到了严重的挑战，自然美受到了重视。

当前在对自然美的认识上，加拿大学者卡尔松的"自然全美"观（All the natural world is beautiful）受到关注。他的基本观点是："所有的自然世界都是美的。按照这个观点，自然环境，在没有被人所触及的这个范围内，有着主要的积极美学属性；举个例子，它是优美的，精致的，强烈的，统一的，以及秩序的，而不是冷漠的，迟钝的，平淡的，松散的以及混乱的。所有的原始自然，简而言之，在本质上、美学上都是好的。对自然世界适当的或正确的美学欣赏基本上是积极的，而消极的美学判断几乎没有地位。"①

"自然全美"观意味着一切自然物都美，这个观点无疑最大

---

① Allen Carlson, *Aesthetics and The Environment——The Appreciation of Nature, Art and Architcture*[M], by Routledge, 29 West 35th. Street New York, 2000.

地彰显了自然美，但是它的缺陷也是明显的。因为事实上，不是一切自然物都是美的。人们对于自然界中的某些物品的厌恶并不因为生态主义时代的到来而放弃，如动物中的蝎子、蜈蚣、蟑螂。尽管它们本身的结构称得上完美，而且其存在也有其天然合理的一面，并不需要人们完全地消灭它。从理论上来说，“自然全美”观潜在地认为自然是惟一的主体，这与人本主义的自然观只是将人看做主体恰好构成反对关系。问题是，在生态主义的视角下，虽然人不是唯一的主体，自然也不是惟一的主体，惟一的主体只是生态。生态不是人，也不是物，而是人与物之间协调发展的关系。我们固然反对一切按人的需要、人的爱好来看待自然美，衡量自然美，但是也反对一切以物的需要、物的存在来衡量自然美，因为如果是那样的话，无异于取消自然美。

另外，“自然全美”观将自然物中所存在的审美潜能误认为是美。不错，一切自然物作为自然创化的产物，都具有审美潜能，即使是蝎子、蜈蚣、蟑螂这样对人类有害的动物，也都具有审美潜能；既然具有审美潜能，它们都有可能实现其审美价值，但是，它们的审美潜能的实现是需要条件的。这个条件就是“功利的悬置”，只有在不存在危害人的健康的情况下，蝎子、蜈蚣、蟑螂才有可能成为审美的对象，另外，还需要审美的个体对这些动物能够持一种“审美态度”。只有这些条件都具备，蝎子、蜈蚣、蟑螂这些动物，才能让人感受到一种美。我们去昆虫标本馆看蝎子，发现蝎子的身体构造原来如此精致、如此的美。美国学者纳塔莉·安吉尔在她的《野兽之美》一书中就详细地描绘过蝎子近乎完美的结构，热情地赞美过蝎子的美①。

的确，从生态学的观点来看，大自然无一物的构造不精，但是尚不能说无一物不美。精，是从其结构的合理性而言的，美却是从个体的人的主观感受而言的。结构精致的响尾蛇，如果不是让它置于特定的条件下，人们是很难进入审美状态的。同样，如果你不是在标本馆而是在厨房里发现一只蝎子，那是很难产生美感的。

五

笔者不赞成“自然全美”说，却提出“自然至美”说。自然美为什么是最高的美？

第一，自然界是人类生命之源。人的生命具有多种内涵，有肉体的生命，有精神的生命。不管是哪种意义上的生命，其自然性是基础。人本来自自然界，不要说人的肉体直接从高等的灵长目动物进化而来，就是人的精神也从动物特别是高等灵长目动物的意识进化而成。没有这个自然性的基础就没有人类，自然不仅是人类物质之母，而且也是人类精神之母。

第二，自然是美的规律之源。人是按照美的规律创造的。这美的规律来自哪里？来自自然界，因为，作为人类母亲的大自然就是按照美的规律创造的。我们所处的大自然构造极其精致。从整个自然系统来看，它达到了和谐的极致；从某一单个的

---

① 纳塔莉·安吉尔：《野兽之美》，时事出版社 1997 年版，第 119～123 页。

自然物来说，也可以说得上精妙绝伦。美的规律何在？就在大自然之中。人类凭着自身的智慧从大自然的创造中领悟出美的规律，然后用在人类自己的创造上。从根本上说，人工美源于自然美。

第三，自然是人类审美潜能之源，体现在人类身上的审美潜能包括审美需要与审美能力，其基本的来源是自然。审美是人类的一种精神活动，虽然它积淀着人类进化的精神养分，最为充分地体现出人类的文明性，但是审美也不是没有自然根基的。事实上，动物也有类似人的具有原始本能性的审美活动，特别是在异性求偶的行为中。事实上，情绪这一审美的根本要素不仅人具有，动物也具有。人的情感与动物的情感从其自然性而言没有什么不同，只是人在社会的层面上发展得更为细致，更为微妙，更具有人文的意蕴。

第四，自然的创造包括具有审美意义的创造，不管从质上还是量上都是无限的，远非人能企及。人们通常认为自然的创造是出于一种盲目的自然力，这只能是从自然没有人那样的精神与意志来说，而就自然创造的精致性、丰富性、系统性与不可重复性来说，它俨然有巨大的意志、巨大的智慧。面对自然所创造的一切，人们匪夷所思，除了惊叹还是惊叹，任何高明艺术家在自然的创造面前都自惭形秽。更重要的，自然的这种创造不可穷尽，是无限的。而人作为这个地球上的匆匆过客，纯是有限存在，怎么可能与自然的创造相比呢？人类惟一能做的是对自然的模仿，然而从根本上来说，人类是不可能做到对自然的真实模仿的。画家能画出云彩的色来、光来，却不能画出云彩的不断变化；摄像能摄出云彩的动态来，但只能是局部的、粗糙的、不精细的。黑格尔说:“靠单纯的模仿,艺术总不能和自然竞争,它和自然竞争,好像一只小虫爬着去追大象。”①

第五,人类的创造包括审美创造,都是以自然为师的。科学是对自然规律的发现,技术实质上是这种自然规律合乎人性的运用。艺术作为人类审美创造的主要形式,不管是内容、形式还是灵感都来自自然。唐代画家张璪提出“外师造化,中得心源”的创作理论。“外师造化”不只是模仿自然,更重要的是要像造化创造自然美那样去创造艺术美。这里面有着无穷无尽值得师法的地方。

也许有人说,人工的创造也有自然所不及的地方,比如,人工创造有自然创造所缺乏的精神性。画家画的云彩虽没有真实的云彩丰富多彩,但那上面有画家的精神在。这种观点正是我们上面所说的人本主义自然观的体现。人类出于对自身的钟爱,总是夸大自己创造,特别是精神的创造,以在这个地球上是惟一拥有精神的存在而睥睨一切。德国古典哲学正是这样的。黑格尔特别看重人的主体性,将人的创造哪怕是拙劣的创造也看得比自然高,其原因就是有人的精神性在。这种观点在人类的进步史上起过巨大的作用,但在当代,它的落后性是显然的。前面我们谈过,人的主体性在对自然的改造中的过分发挥已经造成并在继续造成巨大的生态危机并最终危及人类的生存。人们最后不得不承认,人不能成为自然的主人,而只能成为自然的朋友,在更多的情况下,还只能是自然的儿子或情人。人的主体性不是绝对的,我们既要肯定人的主体性,又要肯定自然的主体

---

① 黑格尔:《美学》第一卷,商务印书馆 1979 年版,第 54 页。

性,两者的统一则为“生态主体”。我们既要尊重人的价值,又要尊重自然的价值,两者的统一则是“生态价值”。生态高于一切,也决定一切,而生态根本地存在于自然性之中。从这个意义上讲,自然至美!

六

确定自然美是最高的美,将为美学带来一系列深刻的变化:

第一,美学研究的重心将发生转移。艺术美将更多地成为部门美学——艺术美学研究的主体,而美学不再以艺术美作为主要的研究对象。美学的基础理论将会以自然美作为主要的研究对象,自然美就有可能成为美学研究的中心。

第二,美学的哲学基础,将由人文主义、科学主义扩充到人文主义、科学主义与生态主义。美学问题的审视则出现三种维度:人文主义、科学主义与生态主义。这三种维度中,生态主义将处于中心的地位,而在相当的程度上统领着另外两个维度。

第三,环境美学应运而生成为美学研究的显学。环境是人的身体的又一体,它以外在的方式影响着、作用着人的一切活动。环境中具有各种因素:自然的、社会的、科技的、艺术的,它们综合为一个整体,成为人活动的场所与活动的对象以及活动的成果。20 世纪 60 年代,首先在欧美,一些学者对涉及环境的美学问题产生兴趣,从而产生了最早研究环境审美的学术论文与专著。到 20 世纪 90 年代,这方面的研究取得丰硕成果。环境美学实际上成为西方美学研究中的显学之一。环境中,自然因素是最为重要的因素、最为基本的因素,因此,自然美是环境美学中的主题词。环境美学的兴起，不仅提升了美学实践的品格，而且开拓了美学的新领域。

第四，由康德所奠定的经典美学将会发生重要的变化。康德提出的审美超功利性将得到重新审视。事实上，像环境美，它的功利性不容忽视，而且十分重要，怎样建构新的审美理论成为美学研究的前沿。笔者认为，审美的超功利性将以审美的超越性来取代。超越不是超脱，而是审美中的对立性在更高的层面加以消融。笔者曾在拙著《当代美学原理》中提出六大超越：(一)审美对物质与精神对立的超越；(二)审美对现实与理想对立的超越；(三)审美对感性与理性界限的超越；(四)审美对过程与目的界限的超越；(五)审美对“有法”与“无法”对立的超越；(六)审美对有限性与无限性对立的超越。审美超越的产物则是审美的最高层次——境界的产生。① 境界作为审美的极致，它是人类精神升华的成果，它的基础则是人与自然相统一。境界是圆融的、愉悦的、幸福的，境界的内涵是真善美的合一。境界有三：宗教境界、道德境界、审美境界，它们是相通的。凡境界都具有审美的因素，只是宗教境界主于神，道德境界主于圣，而审美境界主于美。美学作为精神哲学，它坚实地立足于人与自然统一的大地，却不断地在精神领域提升。

第五，促进“全球美学”的构建。美学作为一门学科提出来不过两百多年的历史，现在一般认为德国哲学家鲍姆嘉通出版了《一切美的科学的基本原理》，标志着美学学科的建立，但实际上有关审美的理论早在人类文明构建之初就有了，由于长期

---

① 参见拙著《当代美学原理》，人民出版社 2003 年版，第 157 ~ 164 页。

以来地球上的人类囿于地理上的限制，文化交流不够多，各个民族相应地形成各自的文化传统包括美学传统。但自英国工业革命以来，地球上的人类文化交流大大加强，“全球文化”构建的步伐大大加快。“全球美学”实际上已经出现。环境的问题关系全人类的生存与发展。在这个问题上，人类最容易取得共识。自然至美日趋成为人类的共同理念，这必然促进“全球美学”的构建。

美学作为一门学问从18世纪诞生到现在，有两百多年了。由于这两百多年来基本上是人本主义占据人类意识的主导地位，美学的基本观念与体系没有发生重大的变化。生态主义的出现，犹如出现一道阳光透视这个既古老又年轻的学科，明晰地揭示它的陈旧与苍白。在以生态主义为核心，整合人文主义与科学主义的哲学基础，构造一个新的美学体系的使命摆在我们的面前，美学变革的时代应是来到了！

跋

大自然真是无比神秘。在武汉,台风过去与它极少有缘,然今年好几次自东南沿海登陆的台风都吹到了武汉,清风、凉雨着实让武汉人高兴了好些日子。我的这本书稿也就在这份清爽之中完稿了。

虽说它定稿于这个暑假,然而这本书稿的历史可以追溯到我从事美学研究之初。有朋友说我是研究自然美起家的,虽不全面,但也是一部分事实。我的美学处女作为《简论自然美》,它发表在刚创刊的《求索》1981 年第 2 期。让我意想不到的是,此文产生了较大的影响,《新华文摘》等多家刊物转载,《光明日报》也在学术新论栏介绍。我清晰地记得，是李泽厚先生将《光明日报》的剪报寄给我的，他还在我介绍此文的条目上用红铅笔画上重重的一条线，足以见出先生对晚生的关爱。后来，我在上海见到李先生，李先生说，你此文的观点虽与我不相同，但我觉得这样好，我不希望你的观点跟我完全一样。李先生的学术胸襟令我十分感动。当时的情景历历如绘，清新如昨。此后，我虽然没有全力于自然美的研究，但也不时做有关自然美的文章，比较有分量的《中西自然美学观比较》发表后，也在《新华文摘》全文转载过。20 世纪末，广西社会科学院的范阳、丘振声、黄贯群三位先生拟组织一套丛书，约我写《山水美与心理学》，我完成了 13 万字的稿子，寄给了他们，后来丛书未出成，范阳先生他们将所有的书稿编入一本书，名曰《山水美论》，1990 年由广西教育出版社出版。1989 年我到浙江大学工作，杭州的《风景名胜》杂志约我写山水美学随笔，1994 年，上海的《旅游天地》又约请我主持"品山鉴水"专栏，这样，陆续写下来，关于自然山水美的文字也有好几十万字了。

去年，我将其中游记类的文字，选编成《妩媚山水》一书，交给河北人民出版社出版；今年，又来编这本以山水审美理论为主的书。收入此书的绝大多数文字，属于我这些年写的山水美学随笔，其中主要是与旅游相关的文章。本书的部分文字则选自《山水美与心理学》。

近年来，我除了继续中国美学史方向研究外，还开辟了环境美学研究方向。环境美学方向实际上是我的自然美研究的发展。不过，我认为，从环境美学的维度研究自然美与过去从美学基本问题研究维度研究自然美是不一样的。后者的研究似离不

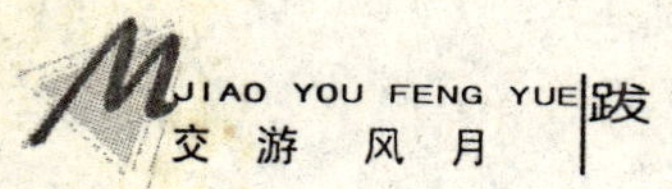

开美的本质之类的问题,前者则更多地联系到人的生活,联系到实践,联系到生态,联系到重新构建人与自然的和谐。人类与自然的关系虽然是一个经典的论题,但从来没有像今天这样,将人类的生存与发展问题如此严峻地凸现出来。

环境美学——一个多么有意义的研究领域,我将为之贡献毕生。

陈望衡

2005 年 9 月 6 日